U0522090

破 圈

突破圈层限制的哈佛认知升级课

钟子伟 —— 著

The World through
Harvard Business
school eyes

北京时代华文书局

图书在版编目（CIP）数据

破圈 / 钟子伟著 . -- 北京 : 北京时代华文书局 , 2020.8
ISBN 978-7-5699-3795-4

Ⅰ . ①破… Ⅱ . ①钟… Ⅲ . ①成功心理—通俗读物 Ⅳ . ① B848.4-49

中国版本图书馆 CIP 数据核字 (2020) 第 135659 号

北京市版权局著作权合同登记号　字　01-2020-5183

本著作物中文简体字版©2020 年由北京时代华语国际传媒股份有限公司发行。本著作物经城邦文化事业股份有限公司商周出版授权，同意经四川一览文化传播广告有限公司代理，授权北京时代华语国际传媒股份有限公司，由北京时代华文出版有限公司出版中文简体字版本，非经书面同意，不得以任何形式重印、转载。

破 圈
POQUAN

著　　　者	|	钟子伟
出 版 人	|	陈　涛
图书监制	|	俞根勇
图书策划	|	方　方
责任编辑	|	周海燕
装帧设计	|	红杉林
责任印制	|	郝　旺
出版发行	|	北京时代华文书局 http://www.bjsdsj.com.cn
		北京市东城区安定门外大街 136 号皇城国际大厦 A 座 8 楼
		邮编：100011　电话：010 - 83670692　64267677
印　　　刷	|	唐山富达印务有限公司
		（如发现印装质量问题，请与印刷厂联系调换）
开　　　本	|	880mm×1230mm　1/32
印　　　张	|	7.5
字　　　数	|	160 千字
版　　　次	|	2020 年 8 月第 1 版
印　　　次	|	2020 年 8 月第 1 次印刷
书　　　号	|	978-7-5699-3795-4
定　　　价	|	46.00 元

版权所有，侵权必究

目录 CONTENTS

增修版前言：一封入学许可信能改写你的人生吗？　01

序言：启程——收到哈佛商学院的入学许可之后　05

第一章　勇于冒险：为什么哈佛商学院会接受你的申请　001

第二章　直面现实：没人在乎你的问题，每个人都有自己的问题　025

第三章　制造运气：主动出击，总有一个人会为你带来好运　061

第四章　学会感恩：受人恩惠，亦要记住回馈他人　079

第五章　理解成长：没有高压的狂欢，会失去狂欢的魅力　093

第六章　独自承担：一切优越皆有代价，压力要学会独自承担　119

第七章　战胜脆弱：觉得累，担心被击垮？其他人也一样，但没有人放弃　139

第八章　重新开始：当你不再是哈佛商学院的学生　167

第九章　回馈社会：善用你的经验与资源，做点好事　191

后　记　从一场法国婚礼谈起　209

附　录　申请企业管理硕士经验谈　223

增修版前言
一封入学许可信能改写你的人生吗？

我万万没想到有朝一日会跟这本书再续前缘，毕竟我从哈佛商学院毕业，写出这本书已经过去整整八年了。编辑打电话告诉我，出版社有意针对新一波学生、想申请企管研究所的人和年轻专业人士重新发行这本书，我非常意外。我真心认为我生命中的那个章节已经结束，走入历史。当年写这本书的时候，我才二十五岁上下，刚在旧金山开始迈入社会后的第一份工作。如今，走过许多都市、累积更多职场经验之后，我突然发现自己已经年过三十，不知怎地又绕回了台北。

时光匆匆，几年的光阴转眼飞逝。出版社告诉我，时间够久了，是时候更新书本内容，跟新一代的年轻读者分享经验了。

八年前这本书出版以后，我再也没有拿起来细读、回溯书中的一切。书里描述的是我二十三岁到二十六岁的人生，故事结束时我在旧金山买了一部车，几天后就要开始我职业生涯中的第一份工作。当我跟编辑并肩而坐，重新检视部分内容，讨论哪些章节需要修订、删除或增补，感觉仿佛回到过去，再次经历那段时光。

那时的我或许曾经纳闷：我的未来会是什么模样？接下来几

年内我会在哪些地方留下足迹？在八年后的今天，我可以回答自己二十六岁时的提问。

我会在旧金山停留一年，而后奉派到洛杉矶一年，担任 Internal Consultant。一年后我再度调职，这回是去上海掌管在中国的分公司。那时我不得不卖掉车子和全部家具，挥别我的加州朋友，在上海另起炉灶。这时我才发现，由于求学和工作需要，短短四年内我已经住过七个城市，内心苦乐参半。

我会在上海停留两年，在三十岁那年辞掉工作，带着这几年的经验与岁月的洗礼，跟几个新伙伴合作创立自己的媒体公司。我想知道，自己有没有能力打出一片江山。

于是，睽违台北六年后，我再度回到这里。在某个夏日早晨，跟两名伙伴一起待在空荡荡的办公室里，安装计算机、布置办公室。我们把手头的资金都投进去，重新回到起跑点，开启公司的第一页。

这八年来发生的一切，跟我刚踏出校门时想象的一样吗？

不。我经历太多事，接触太多人，有起有落，有欢笑也有悲伤，都是当年的我无法想象或期待的。

但人生还得继续往前走，不是吗？

我不知道我和伙伴们八年后会在哪里，我刚创立的公司会不会成功，这些努力是不是值得，我们的未来会不会更加美好……

我不知道。人生原本就是一场冒险，新公司也是，对吧？可是，我在哈佛商学院那段日子，如今还深深影响着我。当时的课业压力、教授的严格要求，乃至整体求学经验，总是让我精神紧绷。相较之下，之后我在职场面临的各种考验，显得轻松许多。如今我充分体会到，我在哈佛的那两年，在我人生中留下了多么深刻的印象：Gina 的白色 Volvo、我宿舍房间电子锁的咔嗒声、夜晚走过的史班勒馆。每当夜深人静，感到当前挑战异常艰巨、整个世界面临崩解之时，那些画面、那些成长过程总会浮现眼前。

巧合的是，过去三个月内我因为出席创投会议或新创公司交换活动的关系，有机会重游纽约与旧金山，这两个我已离开超过六年的城市。

我利用仅有的一天闲暇，探访过去的办公室、工作地点、公寓和周末购物的商场，还重温了以前经常开车往返的公路。我也跟几个老朋友见了面，在旧金山开车时碰巧路过我买车的那家车行。我甚至跟 Evan 共进午餐，距离我们在 Polo Ralph Lauren 最后一次见面已经过了整整八年半了。我们在纽约地铁道别的时候，我特别感谢他多年前给了我实习机会，帮助年轻时的我迈出事业的第一步。我们互相拥抱，我承诺会把这种精神传递下去。

表面上看来，纽约和旧金山改变不大，In-N-Out 汉堡店跟过去没两样。我住过的公寓也维持旧观，就连我离开旧金山前一星期楼下才开张的那家餐馆也还在。

可是我不一样了。岁数多了些，经验丰富了些，少了点青涩与天真。这回我只是蜻蜓点水的游客，一面拍照，一面怀想过去的人生。我几乎觉得自己从没离开过，没有辞职、没有搬家、车子也没卖，只是在找地方停车。

我们会在生命中某时某地做出重大决定，这些决定塑造了此时此刻的我们。如果你有机会重访那些地点，那会是生命中难能可贵的宁静时刻。

从七八年前的那些时刻到现在，我有什么改变？又学到了什么？

现在，我来回答自己多年前的问题：一封入学许可信真的能大幅改写你的人生吗？

答案是肯定的。

它为我打开通往整个世界无限可能的任意门，却绝非成功的保证书。不管碰到什么事，我们都会为人生抛给我们的各种经历与挑战感到惊讶，也从中学会谦卑。生命的轨迹无从预测，正如我从没想过我会回到台北，会重新整理这本书。

在我人生的这个阶段，回顾踏出哈佛商学院大门后的一切，省思引领我走到今天的每个决定，实在是不可多得的机会。此时我翻开书页，回到2007年的哈佛商学院，我的心情其实跟当时相去不远。

敞开胸怀去体验每一次经历。即使你不认识对方，也要本着仁厚的心去分享你的经验。一路走来，你会遇见许多慷慨大方的重要人物，他们愿意在你踏出第一步时拉你一把。正是这些生命中的相遇，让这段旅程格外珍贵。

永远记得，别留下遗憾。

那么，请跟我一起回到波士顿，回到哈佛商学院，好吗？

序　言
启程——收到哈佛商学院的入学许可之后

对我来说，与哈佛商学院的接触是从某个礼拜四正式开始的，更准确地说，是台湾时间2007年1月18日的凌晨一点钟。在写了几个月的学校申请论文、仔细研究哈佛商学院提供给我的各式各样课程后，我终于按下"发送"键。当我把27页的哈佛商学院申请书上传后，他们却告诉我还得等到波士顿时间的1月17日正午，才会宣布最后的入学许可决议；当时美国正好是夏令时，我收到通知的时间就成了1月18日凌晨一点钟。

很多人在等待学校入学许可结果的期间，都会非常紧张。就那一刻而言，我倒是觉得自己非常幸运，因为在几天前，我接到一通电话，说我已经获得东岸另一家企业管理研究所的入学许可，所以我深知即便进不了哈佛商学院，我还可以去另一所我极愿意去的学校。

1月17日晚上，我照着平日夜晚的模式度过。才刚服完一年七个月的义务兵役不到一个礼拜，我单纯地享受着在台中家里和父母相处、窝在沙发上看电视的日子。我明明已经试着不去想这件事了，不过还是每隔几分钟就会看一次时钟，尤其是过了十点之后。十点半，我爸爸在上楼去睡觉前，叮咛我要是在一点钟的时候知道上了哈佛，就叫醒他，要是我没有叫醒他，那也无妨，表示我就会去上之前愿意录取我的学校。在接下来的两个半小时，我关掉电视，和我妈坐在仅有角落亮着一盏灯的客厅里，笑着回忆，在准备了将近一年之后，我们如何终于走到了这一步，并且感慨有时生命是多么的有趣，光凭一封信、一个时刻就能确确实实地永远改变一个人的人生。

十二点四十分了，我们上楼到计算机房去登录上网，不晓得哈佛会不会已经提早把决议贴上网，但结果就如同我所预料的：没有。要说过去与哈佛入学许可部门周旋的那十个月中，我有学到什么的话，那就是他们公告会在什么时候宣布结果，就会说到做到，毫无例外。我妈妈站在我身后陪着紧张的我，而我几乎每隔几分钟就会发出笑声，然后每隔几秒就按一次刷新键。想到已经有一所学校可以读，确实让我感到放松。如果这是今年唯一进入企业管理研究所的机会，那么现在所经历的心情如何？我只能光凭想象了。

千百个念头在脑中奔驰而过，我紧盯着计算机上的时钟，倒数着剩下的时间，一点整，我开始每一秒狂按着刷新键，但不断更新的屏幕却什么都没变，也感觉到妈妈因为不断往前靠向我椅子而加重的手劲。

突然间，一个简简单单，却可以通往入学许可结果信函的链接跳了出来。我做了个深呼吸，跟我妈说："出来了，准备好了没？"然后点击那个链接。

当我在第一行看到"恭喜"时，我立刻知道了结果。"我成功了。"我低声咕哝着，不太敢相信。妈妈又沉默了几秒钟，等看完了信，马上兴奋地给了我一个大大的拥抱，我跟着跳起来，母子俩随即逐字把信大声朗读出来。

经常听人说，随着年纪增长，还能留在记忆里的时刻会变少。事情刚发生时，你总以为自己会记得一辈子，绝对不可能忘记，但随着岁月流逝，你随着时间长大变成熟，也或者仅仅是生活的疲惫，于是发现许多事情并没有你以前所认为的那么重要和惊天动地，记忆就那样渐渐褪色了。

果真如此吗？我对此心存怀疑，因为打从我三岁开始，我几乎能记住生命中的每个重要细节。或许有一天，就像其他时刻一样，这一刻也会淡出我的记忆，但此时此刻，每个细节都很重要，每个细节都牢牢烙印在我的脑海。妈妈和我兴奋地聊着在这漫长且疲倦的旅程之后，迎接我的是如此神奇和幸运的结果，我们也决定不叫醒爸爸，以免他无法再入睡。

妈妈两点的时候上床睡觉，我则回到房里，睁大了眼睛坐在床上，想着过去几年里，所有直接或间接引导我走到这一刻所见到的脸庞，甚至那些从来没有真正碰过面的人。来自全球大约八千位最棒的学生提交申请，录取率约莫百分之十，而且大部分都大我三四岁，结果我获选了。坐在房间的床上，在这世界的角落里，我觉得自己实在是太幸运了。我也感受到肩上的重量增加，好像从明天开始，全新与未知的期待、压力与责任相交，我的世界就要改变了。一言以蔽之，我顿悟到，我对未来将会发生什么事、日后又有着什么挑战，简直一无所知。我只是坐在那里，体会着这个时刻，看着我的房间，一颗心在思绪中漂浮迷失。

生命真的可以因为某一封信、某个时刻而永远改变吗？过去几个月，我一直思考这个问题，那个阶段现在终于结束了，我很快就会亲自找出答案。

第一章

勇于冒险：为什么哈佛商学院会接受你的申请

第一次踏入哈佛商学院校园的情形，我依旧历历在目。那是三月末，离学校正式接受我入学已经又过了两个月。一旦美国某所顶尖商学院接受了一个学生，风水就转到你这边来了。在过去让人精疲力尽的六到十个月中，是学生包办所有的研究和工作，尽力让学校注意到你，求他们让你进入那窄门中的窄门。但等接到入学许可信，接下来就是你好整以暇、轻松等待着的快乐时光——轮到你看着学校要怎样出尽法宝来说服你接受他们。

首先，如果是前十大中的某个企业管理研究所接受了你的申请，他们就会推论你应该也寄了申请书给其他九大，而且还有其他学校在等着你。排名靠前的这些学校总是比较着他们每年的接受率，也就是他们今年有多么受欢迎，有多么热门；而为了拉高排名，每家学校都会想尽办法做到接受度最高，即：有个学生虽然收到众多入学许可，却对其他学校说"不"，而选择进入心仪的那所学校。拿哈佛商学院的例子来说，平均有百分之九十的人会答应，也就是说在他们每年接受的几百个学生当中，只有百分之十的学生决定去读其他学校。在学校里，我们经常开玩笑说，那是因为他们痛恨波士顿酷寒的天气。

这个过程不但有趣，而且把牌交到了学生手中。突然间，风水轮流转，现在人人都想要你对他们说"好"，而他们也会尽一切努力来确保你回答"好"。

书架上的战利品

我一获得哈佛商学院的入学许可,入学许可部门的一名指导员就直接打电话到我家中,她很有礼貌地介绍自己,并再次恭喜我,解释接下来到开学前的几个月里会发生些什么事,顺便了解一下我有没有任何问题要问她。她的办公室会亲自打电话给每个获得入学许可的学生,并确保我们都得到了特殊关怀。在挂断电话前,她说她期待几个月后在校园内看到我,要是我有任何问题,或是考虑选择其他学校而放弃哈佛的话,随时都可以打电话跟她讨论。

每个学校都会这么做,另一个顶尖企业管理研究所接受我的时候,甚至是入学许可部门的主管亲自打电话来恭贺我,正式的入学许可通知函还是第二天才收到的。顶尖商学院的游戏规则很清楚:学生在提出入学申请的过程中吃尽苦头,可是一旦达成目标,他们的第一要务就是确保你同意入学。他们说要你,就真的要你。接获正式入学许可一个礼拜以后,你会开始收到邮寄过来的"欢迎"包裹,打开包裹,看看他们给你什么特别的"入学许可礼物",往往是最让人兴奋的。好比哈佛商学院,礼物中有一条深红色的哈佛商学院围巾,上面还附了一封信:热烈欢迎您来哈佛商学院。我还从别的学校收到了挂在行李箱上的不锈钢行李牌,外加学校和企业管理研究所的封条。另一所学校送的是附有企业管理研究所标志的钥匙圈。全都是有趣的纪念品,用来纪念之前几个月的努力,就像是书架上的战利品。包裹里还有正式的欢迎信函、一堆解释了他们会给新生所有的资源和活动的数据，直到她或他拒绝学校的提议为止；外加经常会有的指南书，详细导览波士顿、纽哈芬或费城等等可能成为你未来两年新家的地方。

包裹中有几样东西很重要。首先，所有的学校都会安排"迎新周末"（admitted student weekend，注：这里的新生是指申请上学校但尚未确定就读的学生），一周安排一批的申请者去参观学校、上几堂课，和未来的同学见见面。在这个周末里，院长会跟这些新生聊聊天，学校会努力让你对他们丰富的资源、友善的学习环境和惊人的教职员团队留下印象，最后经常是以精致的盛宴画上句号，因为学校要举杯敬他们未来的学生。比如，哈佛商学院的入学新生周末将在三月第一周于哈佛商学院校园内进行，而既然哈佛商学院是我的第一选择，我知道我会在即将来临的三月份前往那里参加盛会。

其次，学校会给每个新生一个暂时性的网上身份证和密码，以便新生可以登录新的"入学前网站"，网站里有学生在真正开学前必须知道的所有讯息、课程表和联系方式，要接受或拒绝上他们课程的最后期限，通常在三月中旬。所以，除非你决定接受入学许可，否则你的网上身份证和密码的有效期也只会到那时而已。但到期前那几个礼拜，这些网上身份证可以让你暂时成为某些超级热门学校的学生，得以一窥之后你可能忍痛挥别的学校的学生生活究竟是什么模样。

这些网站非常详细，提供广泛的住宿规模、费用和教授背景等讯息。真正启动后,你就可以选读最感兴趣的课程,并且在企业管理研究所的讨论版上和未来的同学聊天。在几个比较大的城市当中,刚获得入学许可的新生会在讨论版上相会,在学校还没正式开学前的好几个月,就先行安排小型的聚会。

最后,包裹中最有趣的是一封信,通知你他们可能会进行的一项背景调查。为了争取入学,你写下你过去的丰功伟业、顶尖突出的故事,现在你成功了,学校要来确认你有没有在简历中造假。校方在信中告知,在三四月间,他们已经请一家征信机构仔细查证你列举的经验和工作地点,而且如果有必要,还会跟你前办公室或前上司确认,要是有任何事经查证是伪造的,你就会面临资格被取消的命运。对于国际学生来说,这始终是个威胁,因为你不知道他们要怎么联络你的跨国雇主,他们会说英语还是中文?万一沟通有误怎么办?

三月上旬,我服兵役期间的办公室打电话给我,这家征信机构的印度分社刚和他们联络,要求传真文件证明我真的做了我在简历中叙述的事情。几个礼拜后,这些证明无误。这是我常对准备申请海外研究所的年轻朋友说的故事,不管你做什么,千万不要在简历中造假或夸大其词,在这信息时代,学校真的会追查到底。

命运的交会

取得哈佛商学院入学许可的两天后，我和一群大学时代的朋友到泰国玩了一个礼拜，之前我们就说好每两年要和同一群人共赴一趟海外之旅。那是在逐渐进入社会的同时，沉淀自我，并与我们的固定班底保持联系的方式。从那时到我前往参加"迎新周末"、参观哈佛商学院之间，也就是一月底到三月初，那段时间的生活很棒，也很单纯。

从泰国回来后，家人才和我庆祝我获得入学许可。几个礼拜后，就是春节。在过去一年准备申请的过程中，我曾造访几个企业管理研究所申请者的部落格，他们散布在世界各个角落。我看了世界各地好几百名年轻男女的信，或是宣布他们刚为顶尖的学校所接受，或是描述刚被他们的"安全学校"拒绝的震惊与失望。这些讨论版、这些彻头彻尾的陌生人是我过去一年里每晚的内心圈圈。奇妙的是，从现在起，我们分道扬镳，要分别踏上前往世界不同学校之旅。因为过去几个月，我们分享了过程中许多的起起落落，也从他们的部落格中分享了他们的情绪，让我觉得和他们之间有种亲密关系存在。尽管就个人而言，他们对我是完全的陌生人。

我在二月最后一天启程前往波士顿，并在为期两天的"迎新周末"的三天前抵达。在申请哈佛商学院耗费了我一年的生命后，我终于得以亲眼看看命运给了我什么。

首次造访的震撼

访客首度到哈佛商学院校园时,经常是从剑桥这边进入,因为几乎所有的人都从哈佛广场走进去,我第一次和我舅妈在"迎新周末"开始前两天造访时也不例外。我们走过一座桥,这是我第一次跨过查尔斯河(Charles River),生平首度进入哈佛商学院校园。

从北哈佛街(North Harvard Street)走进去,马上看到左边一排排具有殖民风味的建筑,全都是四层楼高,莫里斯(Morris)、加勒廷(Gallatin)、麦卡洛(Mc Collogouh),都是我们接下来两年的家。

右手边首先看到的是庞大的教职员大楼,在教职员办公室后头的是夏德馆(Shad Hall),当然是以捐赠这栋建筑的杰出校友命名的。几乎和全哈佛商学院的其他建筑物一样,都是以慷慨捐赠的校友命名。接下来出现在左手边的是贝克草坪(Baker Lawn),拥有绝对开放的视野,可以一路看到查尔斯河的另一头,此刻河上正有一队划船选手在练习,远方还可看见哈佛大学。右手边是贝克图书馆(Baker Library),接着是三层楼高的奥德里奇馆(Aldrich Hall),几乎所有的课都会在那里上。再过去是有花园的院长室。位于车道尽头的,是一栋名为克雷斯吉(Kresge)的建筑物,右边则是麦克阿瑟馆(McArthur Hall),这两栋建筑物是给来访的学者或杰出校友使用的,到今天虽然我已经经过无数遍,却从没进过其中一栋。从克雷斯吉前的车道往右转，会看到右手边有一栋可供一千人听讲的博登礼堂（Burden Auditorium），左手边则是旧的战士运动场公寓（Soldiers Field Park Apartments），隔壁是新建的、形状特殊的西大道一号公寓（One Western Avenue Apartments）。就在几个月后，我每天早上七点半都会过来做小组讨论。这些公寓的旁边是室内、室外型车库皆有的大型停车场，而在这些公寓的正前方是所谓的"出租车招呼站"。哈佛商学院的学生想要跟朋友碰面，或者到城里去看场电影，到俱乐部坐坐，甚至是去中国城打打牙祭，总会在出租车招呼站碰面。这里每晚都有出租车排队等候顾客上门。

我永远都不会忘记，第一次和哈佛商学院学生近距离接触的情景。做完校园巡礼后，舅妈和我终于推开了奥德里奇馆的门走进去。当时是午餐时间，餐厅里挤满了人。我们环顾四周，决定从奥德里奇馆的这头走到另一头，经过的学生休息区长廊实在是长得出奇，休息区有着非常古典的新英格兰建筑风：木头地板、很多真正可以燃烧的火炉、漆黑的皮椅、沙发和木头桌子，珍珠色天花板上悬挂着许多玻璃吊灯，最重要的，是有无数的哈佛商学院学生坐在那里读书或讨论。

我飞快通过，一边快速走动，一边偷瞄他们，好像自己是个冒牌货，担心被逮个正着。彼时彼刻，刚满二十四岁的我，真的觉得自己像个骗子。看着他们的穿着、他们的坐姿，以及他们讨论时的手势，人人看起来都比我年长得多，并带着一股只会从职场中成功多年而得来的自信和世故的氛围。我感觉到压力、焦虑和紧张，就像是个误闯中学教室的小学生。假如置身那样的情境，那将是每个孩子的噩梦：人人都会停下来，在一片死寂中盯着你看。我终于快速来到另一头，打开门走出去时，不禁大大松了口气，不由自主地想着：我怎么会落入这种情境？不要误会我的意思，我很骄傲自己现在成了哈佛商学院的学生，但现在要怎么办？我会产生真正的归属感吗？

那天早上还有另一件事令我大受震撼：我从来没有在同一个房间里见过那么多漂亮的人。我说的是真心话。几乎我所见到的每个人都衣着得体、举止合宜。等到正式成为这里的学生后，我才发现原来这是特色，但这件事确确实实地给了我一记教训：因为一般人对于类似哈佛这种好学校的刻板印象，经常都是"典型的书呆子"。但这里不是，这里的每个人都会在智商上自我挑战，所以自然而然的，也就会在体能和外表上做同样的要求。认真想想，还真有道理。

哈佛商学院接受的学生背景互异，源自于他们想吸收各个领域佼佼者的想法，所以你的同学会有来自意大利的摔跤选手、印度的核子工程师或来自加州的医生。每一年，哈佛商学院会从世界各地接受九百名学生，光是企管研究所就有九百个学生，让它成为全世界最大的商学院之一。逻辑很简单，那意味着每年我们会有九百个人进入世界，渐渐成为经理人或领袖。哈佛商学院校友间的联结只会变得愈来愈强，我们对于世界大事和财富五百强大公司的影响力也就愈发无可否认、难以撼动。

在迎新周的第一堂上课时间，坐我隔壁的研一学生问我从哪里来，在申请哈佛商学院之前是做什么的，还收到了哪些学校的入学许可。在哈佛商学院一天后,我就明白这是每个人都会拿出来问他们不认识的人的标准问题,一个完美的破冰机会。每个人对此都有答案,因为我们都拼命想在别人面前留下好印象,拼命想要交朋友,所以这成为交谈的完美开始。几乎每个被哈佛商学院接受的人,都会自动认定你一定也得到了其他顶尖商学院的入学许可。他们不会问你是否有其他的入学许可,而是问你拿到多少所学校的许可。在连续回答这些问题几个小时后,好在自己还拿到了另外几所顶尖商学院的入学许可,我不禁大大松了口气,否则好像会丢脸似的。

我回答说自己已经服过兵役,而且刚刚退伍。她兴奋地说真的吗。她是位很有礼貌的美国女孩,有种和蔼可亲的邻家女孩味道。她问起我的军衔,我解释说没什么特别的,我只是个下士。然后她说她是海军中尉,是F-14战机飞行员,在申请进哈佛商学院之前,亲眼见识过战争。我开玩笑地跟她说,既然她的官阶比我高,那我或许应该向她敬礼。

我想,为了申请进入哈佛商学院,我打败了数千名来自世界各地的申请者,直到被接受入学,边工作边奋战煎熬了好几个月。而她的申请完全是另一回事,一边在战场上打仗、开战斗机,一边申请进入哈佛商学院,在打败其他申请者后,得以入学。但我很快就明白,这就是哈佛商学院,像这样的故事背景,其实并不罕见。

同一天下午,我们去参观哈佛商学院的公寓与宿舍。途中,我和旁边的男生聊了起来。他彬彬有礼,却不多话。我问他,开学前几个月，是否有什么计划。他淡淡地解释说他是国民兵的一员，刚刚被通知，在开学的几周前，必须随舰队前往伊拉克。他将请求学校为他保留学籍，待明年服完一年兵役后复学；因为突然接到派遣令，他太过震撼，原本还预期着几个月后就要进入商学院念书的。但他平静地叙述这件事，完完全全地接受他的命运，他的责任。在波士顿的春日下午，我们一起做着哈佛商学院的宿舍巡礼，我永远都不会忘记他描述的方式。

充满挑战的学前个别指导

在真正进入哈佛商学院前的几个月，并不是没有压力的。除了义务性的接受背景调查外，还要读书、准备，并且得通过所谓的企业管理硕士学前个别指导。

个别指导是在线进行的，每个被哈佛商学院接受的学生都必须在七月底之前在线完成个别指导功课，接受测验证明你已经学会了这些学科。所有的主科，信息科技、会计、营运、财务等，都有个别指导，这可不是开玩笑的事，全都用类似PowerPoint的幻灯片方式呈现，而且每个章节的后面都有练习。

每个学生都必须在学校开学前，通过每个通常都很冗长的科目测验。

想象一下，我打开财务个别指导这个科目时的绝对震撼！

我倒抽了一口气,因为看到的幻灯片竟然超过五百张!白天在瑞士银行(UBS)里忙上十八个小时,还得在晚上或周末时另找时间,来完成这些似乎做不完的个别指导作业,还真是个极具挑战的经验!但就像哈佛商学院里所有的事情一样,不管当时遇到怎样的痛苦,最后每个人都挺过来了。

我认为这些企业管理硕士的先修课程会令人惊讶,或者对我特别具有挑战性,可能与我的背景有关。我的背景跟一般企业管理硕士学生不一样:十一岁以前,我一直待在美国,后来由于家庭因素,才和家人(我是独生子)搬回来。刚回来时,我几乎完全无法用中文阅读、书写或进行口语沟通。学习中文、调整自己的生活、被送到一般学校读书,是我这辈子最惨痛的学校经验。

在经过初中、高中联考和高中之后,我进入台湾大学外文系就读。到现在为止,我认为大学四年生活是我这辈子最快乐的日子。在历经好几年死记硬背的填鸭式学习和考试之后,我终于可以自在地生活。我从来都不是那种可以乖乖坐在教室里的学生;我总是渴望走出去做各式各样的尝试,任何的尝试。任何我感兴趣的事情,不论多么疯狂,我都要尝试。生命何其短暂,而我只能活一次!

我成为台湾大学模拟联合国社团的社长,帮助台湾大学成立模拟联合国会议以及第一次会议。在大二、大三暑假,我终于决定实践我童年的梦想——写下我搬回来后的经验,并比较东西方在社会、教育和家庭价值上的差异。我在二十八天内完成了一百八十页的手稿，并开始独自找寻出版社，向他们提案。一年后，我出版了第一本书。之后，我又自己去找实习机会，在《台北时报》（*Taipei Times*）开了个周更专栏，当时我正在服兵役，也就在哈佛商学院接受我入学申请的时候，我正在为知名制片和导演撰写三十集的电视剧剧本。

相对于大多数企业管理硕士学生，都是在工作了好几年以后才决定读商学院，而我却是在大学时就已经确定，并且决定要读企业管理硕士。在经营建立模拟联合国社团和从事这些专业活动上，我觉得实在是太有趣了。大三下学期，我去考GMAT，大学毕业后半年，即服役期间，我开始向哈佛商学院申请入学，得到入学许可时刚满二十四岁，让我成为哈佛商学院最年轻的学生之一。在我踏入商学院之前，我跟这行业没有任何接触与经验。在我的生命中，对于任何我感兴趣的事，我都会去尝试，很少想到结果是成功或是失败。而不知怎么，生命以某种神秘的方式，引领我进入哈佛商学院。

尝试，就对了

在我成为哈佛商学院的学生之后，不只朋友、家人，经常也有宴会中的陌生人会问："你怎么知道哈佛商学院会接受你的申请？你怎么有勇气申请？"我个人一直觉得这些问题回答起来有一点奇怪。

逻辑其实很简单，答案却并非每个人所预期的。

直接的回答是，我也不知道哈佛商学院会接受我的申请。事实上，我从来没有预期我会被录取。谁可以呢？如果你问大部分哈佛商学院的同学，在他们申请的时候是否会这么想：嗯，我非常有信心，所以我只申请哈佛商学院这一所，我百分之百知道我会被录取。几乎没有人会这样有信心。是的，也许会有一些超自信的人，但是一般而言，没有人能确定他们一定会被录取。

所以我的重点是什么？很简单，那就是：为什么我敢申请哈佛商学院，而其他或许履历表写得比我好的人却不敢？

除非去试，否则你怎么知道结果如何？除非失败，否则你怎么能确定？

申请的时候，我的排序很简单：先排除一些因为地理环境或条件不合，所以我知道自己不会去的学校。然后，除非我会被第十九名的商学院拒绝，否则我绝对不会申请排名第二十名的学校。为什么？除非我已经被排名第一到十九名的学校拒绝，否则为什么我要选择一个第二十名的学校；也就是说，要等到我先被每一个排名在前十九名的学校拒绝之后，我才会心甘情愿地去申请第二十名的学校。

这可能就是东西方教育心态不同的地方。我承认，我确实受美国教育影响较深。我在美国成长，总是被鼓励去追求梦想，即使有时候是用一种天真无畏的方式去尝试。是否失败几乎不怎么重要，我只知道，如果不去试，那就几乎确定会失败。

但大部分我认识的亚洲学生都比较缺乏信心，在受过几年亚洲教育之后，他们会比较容易满足于接受任何他们认为还可以的情况。他们的推论是：在美国排名第四十的学校并不差，既然我的英文没那么好，我很乐意去就读这所学校。所以他们会申请排名在第三十五到第四十五之间的学校，并希望可以被其中的一所录取。

接下来这个问题，亚洲学生几乎从来都不会问自己：究竟为什么我会成为那个限制自己该申请哪所学校的人？明明我可以申请到排名第十五的学校，当我申请到排名第四十的学校又高兴个什么劲？我连试都没试，就这么怕失败，既胆小，又没信心！

"你怎么知道你会被哈佛商学院录取？"

我们不知道，我之前也不知道。唯一的不同是，我试了。

迎新周末

我在哈佛商学院的第一顿午餐和晚餐，都是入学迎新期间在史班勒馆餐厅吃的，那堪称我这趟行程最兴奋的时光。第一天要去吃午餐时，我恰巧坐在一桌全是哈佛大学毕业生的旁边，他们将来可能都是我的校友。第一眼看到他们时，我对自己笑了一下，他们的穿着打扮完全符合东岸常春藤联盟的刻板印象，两个坐在我身旁的女孩身材苗条、外表迷人，都有一头长长的金发，另外四个男生也都有运动员的架子，马球衫塞在 Diesel 牛仔裤里，穿着帆船鞋，头发整齐又有礼貌。一开始，我还觉得跟他们坐同桌会不会是个错误，因为我想自己很难融入他们。在那个时刻与那个地点，我突然了解为什么外界的人会认为哈佛商学院的学生令人生畏。即使他们外表迷人、看起来亲切，却也让人想到许多事情。我不禁揣想着，这对我未来的两年所代表的意义是什么。

当天稍晚，我们又聚在一起用晚餐，这次用餐的地点是在史班勒馆的大宴会厅。当晚与会的除了学生之外，还有受邀者的同伴，甚至小孩，加起来总共超过三百人。与我同桌的有个来自 IBM 的韩国人，另一位欧洲来的申请者则任职于 Google。那是一个非常正式的晚宴，多道餐点，每张桌子上的餐具都是精心准备的，而且每张餐桌旁都有一名专属的服务生，随时为大家上菜及斟酒，任凭吩咐。当时，我对于哈佛商学院随时都有全职工作的服务人员，感到相当惊讶，等到后来成为学生，看到校园里每晚都有社交餐会及校友会活动，也就不难理解他们为什么会有这么多的工作人员了。光影朦胧，枝形吊灯闪烁着，对于一个二十四岁的年轻人来说，所有的枝微末节都令人印象深刻。

接下来，院长站上讲台，再一次恭喜我们通过入学申请，也再一次期望我们每一个人都能接受这个机会，在几个月后成为哈佛商学院的学生。然后他继续提及哈佛商学院的著名传统，以及遍及全球的校友，现在我们几乎也算是其中的一分子了，并且欢迎我们这些新成员加入这个"家庭"。当我们高举酒杯回敬院长时，在这充满古典风味设计、庄严的史班勒馆宴会厅里，光线从吊灯斜射下来，陪衬着安静无声站在一旁系着黑色领结的侍者，感觉我们仿佛正在参加一个神秘的组织、一个宗教仪式，就很多方面而言，确实也相去不远。

至今我仍鲜明地记得：当天晚上最后的活动结束，我们互相敬完酒，迎新周末将尽，九点钟左右，虽然疲累，脸上却带着些微笑意。我独自走出哈佛商学院校园，越过查尔斯河。我在哈佛商学院安然度过两天半的时间，没有大麻烦，也没有发生太尴尬的事。在我内心深处仍然存在着恐慌感，犹如我不断提醒自己别笑得太夸张、别太高兴、别率性地玩得太过头，否则一旦学校开学，我可能真的会惨败在那些既有自信又有攻击性的同学面前。但这可是哈佛商学院，而且今晚我也安然度过了，想到这，我心头就宽慰许多。虽然我不断意识到自己年纪轻，并且缺乏真正传统的企业管理硕士的学前工作经验，但是我有我自己的经验。在波士顿生气蓬勃的夜晚气氛里，我对自己微笑，我告诉自己：没事，没事，或许我终究会适应。

就学前的小冒险

在我搭机回来时，还只是三月，我想在我前往哈佛商学院就读前的这几个月，我还能做些什么，结果我并没有等太久，就在我回来一个星期内，一个新的小冒险就将展开。

回来还不到一个星期，我就接到一个熟稔的台大学妹的电话。

当时我正在想，在我人生的这个阶段，在学校开学前的这几个月，除了每天到健身房两三个小时，以及完成那看似永无止境的哈佛商学院个别指导之余，我还能做些什么？

回想我在大四时，平时的上班日会有两天在台北一家信息科技工业跨国外商公司实习。办公室位于台北东区一个相当棒的地点，但不是在所谓的台北"华尔街"。当时台北 101 刚兴建完成，信义商圈正在扩增中。就在庞大的台北市政府大楼正对面，人潮熙攘的活跃信义商圈，正处于台北理想生活方式的最佳状态中，充满机会、富裕及光明的希望；年轻、活力充沛、野心勃勃而且走在流行前端。身为一个大四生，当我搭乘台北捷运去工作，还有周末和我的朋友去那里购物时，常不禁想象自己每天早上穿着正式西装、提着真皮公文包、手拿一杯星巴克咖啡，走到这一区上班会是什么样的感觉。对于一个二十一岁的年轻人来说，那就已经是毕业后的理想生活了。

一年后，我在 2005 年的 6 月从台大毕业。在搬离台大宿舍的隔天，我就和一群大学死党到日本自助旅行了六天。就在我回来的隔天，比我预期的突然提早许多，我母亲打电话来告诉我说已经收到入伍通知单了，我将在不到一星期内被征召。接下来的十八个月，我就要在军队里度过，前两个月是在成功岭受训，之后的十六个月则是在桃园当公务员。看起来可预见的是，我永远都没有机会在离开前，去体验信义圈的生活了。

就像有人在说一些文不对题的故事时，我会问他们重点何在一样，我自己为何会提起这段就读哈佛商学院前的故事？

重点是，在我心里，我一直认为这个突然的机会和瑞士银行两个月的经验是我企业管理硕士教育的一部分。就许多方面而言，这个机会是我踏进企业管理硕士世界的第一步。这样的世界即将成为我的一部分，但我对它的实际所知却非常有限。它也为我提供了大量投入且速成的训练，当学校真正开始时，还省了我不少跌跌撞撞和尴尬的场面。

为什么说这是我企业管理硕士的开始？因为当时我已经获得哈佛商学院和其他几所顶尖商学院的入学许可，不过我对于我即将进入的世界，了解得却非常少。

在哈佛商学院接受我的入学申请时，我从来没有使用过Outlook、Excel或PowerPoint。我并非以此为傲，只是我个人讨厌计算机，大学四年在文学院所里，我很少需要用到这些软件。即便分组讨论，我常常和一些听从我命令和喜欢信息科技的人一组，总是由我告诉他们如何设计演讲和电子表格。但在毕业之前，我依然没有真正地碰过Excel或PowerPoint。

因为我大部分的课外活动或工作经验只限于出版业、媒体、军队和国际会议，对于顾问和银行业务所知甚少。如果在我大学毕业时问我贝恩（Bain）是什么样的公司，我一无所知。一月份申请到哈佛商学院之前，我完全不知道什么是"机构投资人"，也不知道什么是私募基金、风险投资，更别提投资报酬率、总资产报酬率。除了从字面猜测意思外，我也不知道投资银行到底在做什么。总之，我的企业管理硕士学前经历起步得很晚，大部分的学习来自在瑞士银行工作的那几个月。

破 圈

我和另一个刚刚毕业的大学生一起被雇用，协助证券研究部门准备一年一度的瑞士银行投资股东会议。在这两个月期间，能够经历我大部分哈佛商学院同学已经经历过的经验，我实在非常幸运。每天十八小时，待在一家顶尖投资公司的小隔间，每个同事都是毕业于优秀商学院的企业管理硕士，和世界最大的基金公司、投资股东与企业专家有第一手的互动和学习。从内部看到如何创造出这些财富，这些经验真是难能可贵！

这让我得以见到一般民众鲜少看到的商界精英。在我二十四岁这一年，我极为难得看到这批百分之零点零一的当地精英，在这个领域里创造与分配财富。这个圈子的确相当小，只有约六家主要的投资银行，而每家银行的部门里顶多只有十二名员工。不管哪家公司，这圈圈里的每个人都彼此认识。尽管他们家族都在本地，但他们大多数在外国长大，并在获得企业管理硕士学位之后才回到家乡。他们个个讲得一口带有英文口音的中文，非如此不可，在这个行业扮演这个角色，你的英文沟通能力一定要够说服力，因为你的任何答复都有可能是要说服国际顾客在片刻之间投资好几百万美元，所以英语得说得既流畅又完美。把英文说得像母语般流利，以及拥有一个国外的企业管理硕士学位，是进入这一领域的必要条件，正因为如此，当地的大学毕业生几乎不可能挤进这个行业。

一旦进入这个行业，那是多么让人眼界大开的经验。虽然我每天工作十八个小时，晚上两点睡觉，早上六点就得醒来准备上班，但是这罕见经验的价值却超过这一切的辛苦。在那八周内，我被带到茹丝葵牛排馆用餐，在台北最贵的日本料理，还去过为引领时尚的人所选择的法式餐厅,星期五晚上被邀请到附近的君悦饭店狂欢,畅饮昂贵的香槟和一碗三百元的白饭,享受位于市区内一小时三千元的全身按摩,在台北101顶楼餐厅被人以VIP的方式招待,造访极具隐秘性又时髦的俱乐部和Lounges(餐酒馆),以及享用一般来说人均消费在一千元左右的中餐,每样消费都是公司买单。

在某些时刻,当我和同事在对一般人而言,算是非常昂贵的餐厅用午餐,一边吃饭,一边用大声且地道的英文谈论高档的手表时,虽然那时我已经是这圈子里的一员,却深深了解到那些从玻璃窗户外看到我们的路人心中有着什么样的想法。就很多方面而言,都呈现出不同的面貌。被一家顶尖投资公司雇用的过程并不容易,要考量的标准很多,录取的概率很小。第一次到瑞士银行面试时,我刚从部队退伍,一个台大毕业生,没有任何银行业务方面的背景,没修过财务课程,不会做财务规划,甚至在投资银行给面试者的四十五分钟笔试里,我也是不及格的,况且这个职位空缺有相当多的求职者,我为何会被录取?

之后我的老板告诉我,那是因为在我的履历表上写着,我已经申请通过进入哈佛商学院以及其他顶尖的商学院。他们自然而然地推论雇用我是一件可靠的事。

命运已经在改变中。

山雨欲来风满楼

我没料到，参观哈佛回来后的几天，就遇到了第一个哈佛商学院未来的同学。先是接到一通我之前台大模拟联合国社团副社长的电话，大二时我们一同担任过干部。她从我们共同的一个朋友那得知我也申请到哈佛商学院，因此安排了这次碰面。

一见面不到十分钟，我和 Cathy 很快就了解到彼此特性有多么不同，虽然我们都申请到哈佛商学院，同样是台大人，她比我早一届，毕业于国际企业系，之前三年曾在花旗银行工作，她的双胞胎妹妹也申请到哈佛和耶鲁法学院，但我们是属性完全相反的学生。我很喜欢去参加派对、社团，偶尔社交一下，她则不喜欢跟不熟识的新朋友打交道。我在大学时积极参与课外活动，她则把大部分精力放在学业上，也是台大书卷奖的模范生，毕业时，她的 GPA 和 GMAT 成绩远超过我所敢奢望的高分。总之，我们俩简直是天南地北。但是后来再想想，就知道这很符合哈佛商学院所要的"多元化"。如果你要的是完美的模范生，那么 Cathy 完全符合这个标准，完美无瑕。如果你要的是完全不像企业管理硕士传统样子的年轻小伙子，而且一天到晚放纵于他的热情，那个人就是我。我们完全不同。

几周后，我遇到第二个未来的哈佛商学院同学。Hyde 也是台大毕业，比我大四届，已拿到电机硕士。Cathy 先认识他，几周后，我们三人约在信义区的纽约贝果店吃午餐，那时我正在瑞士银行上班。Hyde 曾在戴尔计算机上班。午餐桌上，他们听着我讲我去迎新周末发生的故事。这是我们前往波士顿前的最后一次见面，到学校开学后，我们才再次见面。

五月之后，我在瑞士银行的工作结束，我的生活顿时变得轻松起来。

我在台北多留了几周，和老朋友把握最后机会出去逛了逛几家最喜欢的店、电影院和餐厅。六月中旬，我回台中和家人相处几个礼拜。而在经过了三个月后，我也终于完成了哈佛商学院一千页的企业管理硕士学前线上指导作业和测验。最后一个月仿佛风暴来临前的宁静，我每天在台中一家健身房待上三个小时，打电话给以前的老师，写电子邮件给老同学，一个个道再见。

我要离开的前几天，台大社团的伙伴为我办了一场欢送会。然后在八月二十四日，在学校要我们报到的一周前，我提早搭机飞往美国。我会先在我舅舅家待上几天，采购一些日用品，几天后就搬进哈佛商学院宿舍莫里斯馆。

玩乐的时间结束了。我经常认为这之前几个月的风光和突然为我开启的大门，一定是哈佛商学院预先给我的殊荣，就像以信用卡购买昂贵的精品一样，现在就看我是否有后续的资金来兑现了。

这个困扰持续了好一阵子，不论我做什么或怎样说服自己，都无法消除这种疑虑。我觉得能在瑞士银行待两个月真是十分幸运，开启了我所有对商业的敏锐、直觉和一些基本常识。回顾起来，假如不是这样，我现在可能就像个傻瓜，一无所知地走进哈佛商学院。就各方面而言，我觉得在瑞士银行每天奋战的十八个小时，应该已经是我"为该学的经验所付出的努力"的方式，而经过那几周的煎熬，我已经通过"战火的洗礼"，有资格成为一名真正的企业管理硕士预科学生，我暗中希望这一切已经足够，这两个月所成就的，已相当于我未来的哈佛商学院同学在顶尖投资顾问公司三五年所饱尝的苦头。我知道我奢求的太多，希望能够逃过的太多，祈祷要避开的也太多。但我总是告诉自己：至少你的履历表上有瑞士银行的经历；至少现在，当兵的经历不会是你履历表上第一个呈现出来的经历，而是证券研究，我希望这样就足够了。

然而，盘踞在我心中的恐慌一直都存在。紧接而来的九月，我将在九百位同学面前丢人现眼，到时我将经历更多的挫折和尴尬，我将被贴上太早、太年轻、太无知就入学的标签。

果然，几个月后，我的想法真的应验了，而且代价很高。

第二章

**直面现实：没人在乎你的问题，
每个人都有自己的问题**

你绝不会相信这件事,就连我自己到今天也无法相信真的发生了这种事,想起来甚至都会打个大寒战。这场景简直就是电影片段:迟到的同学花了几秒钟站在门外往里头张望,心里盘算着是不是有办法可以在不引起任何人的注意下,进到教室里。雪上加霜的是,此时教授已经开始在做开场白,每个同学也已经各就各位在专心上课了。

当然教授已经到了,同学也全都在专心的听课。这里可是哈佛,谁吃了熊心豹子胆,敢在开学第一天就迟到?

答案显然是"我",可是我只是单纯地记错了时间,以为课程在二十分钟后才开始,而且还以为自己提早到了。

前无退路,也没有更好的借口,我也没有胆量敢故意等到第二堂课才出席,试图解释以脱身,于是我只好打开后门,想从后面偷偷溜进去,幸好我的座位距离后门只有一排。

打开门,偏偏门吱吱作响,全班九十个同学同时在一片死寂中转过头来盯着我看,教授还大声说:"谢谢你最后选了A班!"

我在大家的笑声中匆匆忙忙地赶到座位前坐下,那一幕真的就像电影片段。

也完全可以总结我在哈佛商学院第一学期的经验。

新同学，新开始

在开学前几天，我们每个人就得带着自己的密码，到史班勒馆地下室去打开个人信箱，找到这学期的案例和课本。等我把一百多个案例拖回宿舍，依照课表组合时，注意到最底下多出了一本笔记本，那是我们的咨商主任所写的，标题叫《脱困：死巷如何成为新的道路》（Getting Unstuck: How Dead Ends Become New Paths），是本咨商书，鼓励人在极度压力之下不要太沮丧，也不要太负面。这让我觉得既好玩又恐怖，什么样的学校，或者说，接下来几个礼拜学校会对我们做些什么，以至于得预防万一我们用得上这本书？我把书摆到书架上，内心深处则祈愿自己永远都不会真正用到。

此外，我在开学前几夜，和其他同学相约有个小聚会。我们有个数据库中详列了九百个人来自哪个国家或地区、有什么工作经验和基本背景，所以大部分学生都会趁着开学前这几天来找自己的伙伴。

我们约在 John Harvard's（约翰·哈佛酒馆）喝啤酒。Cathy 和 Hyde 已经到了，Gina、Paul 和 Wayne 则都是那晚才第一次见面的朋友。Gina 大我四岁，稍后她发现，我年纪比每个人都小，说不定还是所有亚洲学生中最年轻的，而且我居然比她弟弟还小，这实在是大大出乎她意料，于是在哈佛商学院就学期间，她顺理成章的成了我老姐。Gina 家从事脚踏车设备工业，拥有庞大的家族企业。她小时候先在台北读国际学校，然后到加拿大念高中，再去日本庆应大学就读，因此英语和日语都很流利。大学毕业后，她先留在日本的花旗银行上班，之后被叫回去经营家族的工厂。她个性独立，充满自信，对汽车和摩托车业相当有兴趣。

Wayne 在台中的美国学校一路念到高中，然后去上了加州的寄宿学校。耶鲁大学毕业的他，大一时曾休学一年，结果被发掘成为电视明星，与吴宗宪及陈柏霖一起在主流电视节目中表演。耶鲁毕业之后，他做了几年管理顾问。

Paul 是土生土长的台湾人，直到十几岁时才与家人移民，并进入加州柏克莱大学就读，他也非常喜爱汽车业，进哈佛商学院之前，他在福特车厂上班，毕业后自然而然地往汽车业找工作。个性外向的他交起朋友来，几乎涵盖所有类型，在所有的社交场合中，都可以看到他在派对中跟每个人自我介绍。

我是在学校正式开学前的一天认识的 Anuroop，当时院长在可供一千人听讲的博登礼堂里发表欢迎新生入学的演说。所有的必修生（RC）都很紧张又忧心忡忡，焦虑自己会成为输家，在哈佛交不到朋友，所以都马上开始自我介绍，并和坐在附近的人用力握手。Anuroop 就坐在我隔壁，他的家族在印度，可是他的大学生涯和最近的工作地点都在新加坡，并且已经把新加坡当成了第二故乡。Anuroop 只比我大一岁多，是新加坡麦肯锡的顾问，已婚。后来我也认识了他的妻子，也经常一起参加哈佛商学院的社交活动，她仍留在新加坡的宝洁集团（P&G）上班。我们相处融洽。

就大部分在哈佛商学院碰到的人而言，你总是会想以后不晓得还会不会再碰上面，或是不晓得有没有机会真正认识这个人，因为最可能发生的情况，是下次在走廊上碰到时，你甚至连他们是谁都想不起来，因为学生人数实在太多了。但就在隔天，我看到他跟我分在同一班，在同一间教室，再加上他也住宿，于是接下来两年我们成了亲近的朋友。听完了院长的演讲，我走过贝克草坪，和指定好的六人学习小组的其他五名成员碰面，真正的哈佛商学院生活就从此正式展开。

学校要我们组成学习小组的着眼点，就在于尝试把类型互补的学生放进每个小组，而每个成员又来自不同的班别，那么我们在上课前一晚一起研究案例，或是早上讨论解决办法时，才会有不同的看法，并且互通有无、取长补短。Katie 既拥有顾问的背景，又选读了肯尼迪政治学院（JFK School of Government）的双修学位，所以会比我们晚一年毕业；来自德勤（Deloitte）的 John 也是顾问，他是个出柜的同志，在团体中惯常我行我素，但他突然冒出的评论往往最好玩；身材高挑的 Mike 来自芝加哥，个性非常友善，之前任职于绿箭口香糖公司；而 Tyson 是美国海军核子潜艇的工程师，我们马上就聊起军中经验。最后一位是 Anila，她是印度裔加拿大人，之前在高盛公司担任投资银行员。

看得出来我们六个人的背景天差地别，而这一切都是学校的设计。比如，我大部分的 Excel 技巧都是向 Anila 学来的，因为她将负责处理财务方面的撰述。对一个之前在财务部门上班的人来说，她的 Excel 和财务模拟技巧委实惊人。每晚她都会把她做的案例分析用电子邮件发送给我们五个人，让我们仔细看过她的笔记和数字，慢慢搞清楚。前几个月事情一团乱，每个人都只能拼命适应及赶上哈佛商学院的步调，小组工作让每个人的生活都变得轻松一些。我现在可以确确实实告诉你，要是没有Anila每晚的财务报告，我对财务课将会一筹莫展，它们对我真的就是那么重要。

那天下午就是那样度过的：院长演讲过后，我们和小组成员第一次碰面，接下来的时间，先是自我介绍，接着就投入许多架构小组的练习，目的在于熟悉彼此，最终能善加运用彼此的力量。那天的会面在下午六点告一段落。还不错，那晚我们怀抱着这样的共识，挥手道别，觉得哈佛商学院并没有如我们想象的一般糟糕。不过，云霄飞车之旅才正要展开。

哈佛商学院的一天

我在哈佛商学院第一学期的课程如下：LEAD 的实质内容是领导与管理，教授是刚从高盛投资银行副主席位置退下来的知名哈佛商学院校友，缩写为 FRC 的财务报表管理（基本上是会计）、市场营销、财务，以及代表技术与营运管理的 TOM。

哈佛商学院的学生分为必修（RC）和选修（EC），既然哈佛商学院第一年的课程全都是必修课，因此必修基本上就代表着哈佛商学院一年级生。同样的逻辑，选选修课程，也是哈佛商学院二年级生，因为二年级的每个科目都是选修的，每班就不同的主题自行选出他们的班代表、康乐代表、学艺代表等，就像世界各地的学校一样。

哈佛商学院典型的一天是这样的：我在太阳刚刚升起的六点半起床，冲澡、更衣、抱起我的书冲过校园，赶在七点半前到西大道一号公寓的大厅跟学习小组碰面，讨论当天的案例。波士顿的早晨通常冷得要命，下雪的时候走起路来会慢上两倍。

讨论当天的案例一小时之后，我们会一起走到奥德里奇馆，分别进入不同的教室，有时也会停在二楼角落的小咖啡站里快速喝杯咖啡或吃个早餐糕点，我们各就各位，跟左邻右舍打招呼，然后拿出案例和笔记。教授从不迟到，她或他通常已经来了，就在那边看自己的笔记，技师则在一旁帮教授把计算机和网络联机做最后检查。八点四十分整，教授会关上门，在此之后进教室就已经算迟到，进去会觉得很不好意思，不过那比较常发生在你是选修生之后。

每节课长八十分钟。人人都一样，到教授关上门之际，我们都已经手握自己的案例和学习小组的笔记。如果这堂是财务报表管理或是财务课，那么我们面前一定有排列紧凑的 Excel 试算表和预测。

几乎所有哈佛商学院的课程都是从有名的"冷酷点名"（cold call）开始，教授会随意点某个人来为课程拉开序幕，有时冷酷点名会长达十分钟，教授来来回回拷问，把确实的资料列在白板上，以便我们可以开始讨论，同时确认你真的读了，也了解所有的细节。在哈佛商学院，不会有令人不安的冗长停顿，不会有一边翻笔记，一边努力挤出个好答案，不会有"呃……我不知道，让我想想"，完全没有。提问经常就只是简单的一句：你会怎么做？整整十分钟，整个教室都看着你发表你昨晚准备的答案，捍卫你的论点，并用数据和分析来支持，要是你回答"我昨晚没有读这个案例"，那么你的成绩就不堪设想了。冷酷点名也可能在课上到一半时突然发生，不需要什么特别理由，我就是在技术与营运管理课上第一次被冷酷点名，只因我打了个哈欠，我连嘴巴都掩住了，但教授还是连这个哈欠都没有让我打完，他突然叫我时，我哈欠只打到一半，于是全班同学看到的是我好像被叫醒似的。有时你被点名只因为那天是你的生日。要确认做好准备，确认没有错失一堂课，光是这样就足以成为好理由：没有人会想要在全班同学面前丢脸。

尤有甚者，你的姓名牌就放在你前面，而你所有的背景数据都可以轻易从数据库检索得到。更惨的是，为了灌输这里真的是个地球村的概念，班上的学生来自几个国家和地区，教室后方就有几面国旗。哈佛商学院的教室绝对不是为害羞、心智软弱、信心低落的人而设的，而是试着映射出压力、急迫和期待，同时成功地达到这个目的，并且需要真实国际贸易世界中立即的反应。

从早上八点四十到十点是第一堂课，之后休息二十分钟，大部分人都会利用这段时间到小餐馆去抢杯咖啡或吃顿迟来的早餐。下堂课从十点二十开始，到十一点四十结束。周二和周四是我们的两个案例日，所以课在十一点四十分就会结束，给你额外的时间去完成案例、准备面试或处理公司业务，其他日子则会一直上到下午两点半，第三堂课是从下午一点十分开始。我记得，真正开学前我还在想：哇，在哈佛一天只有两堂、最多也只有三堂课？

和大学生一天可能会有六到八堂课的辛苦日子比起来，这应该很简单才对！看起来是这样，但我必须提醒你，这三堂课可是扎扎实实、辩论不休的两百四十分钟，要求你的注意力持续而专注。在大学里，在课堂上分心，或者觉得累，开始在后排玩手机都没问题。但在哈佛商学院，要把所有的注意力集中在这两百四十分钟里，持续地等待发言，永葆警醒以防被点名，或者被同学攻击你的论点。这些，全都让人精疲力尽。

厉害的教授

平心而论，教我们的教授也轻松不到哪里去。担任哈佛商学院教授，必须准备得相当充分，否则学生会把你生吞活剥。在班上或许有三分之一的学生过去曾是专业银行员，你要怎么教金融学？当班上有四分之一的学生是麦肯锡的顾问，而且如果你犯了错，这些哈佛商学院的学生可是会毫不迟疑当场举起手来，当着每个人的面纠正你，你要怎么教策略？就像不是每个人都适合成为哈佛商学院的学生，也不是每位教授都适合在哈佛商学院教书；你必须冷静，对学生的挑战能快速响应，很清楚自己的观点在真实世界场景中的模样。到头来，我们在这里所讨论的都和真实的商业世界有关，如果你是个只喜欢研究，不是个自信的演说家,而且并不乐于挑起辩论,也不热衷面对面的冲突,那么我得再说一次,你不该到哈佛商学院来教书。但大体而言,教授厉害极了。他们从来不迟到,总是在上课前十分钟抵达教室,总是在大部分的学生到教室之前,就已经把笔记整齐地摆在面前,把数字和图形画好在白板上,他们的资料准备得一丝不苟,但最惊人的还是他们花在学生身上的功夫准备。

在八十分钟的课堂上,大约半数以上的人会被点到名,教授是唯一的主控,拥有指挥的权利,教室争论的节奏和方向完全在他手中,也因此,他对每个学生的了解越深,越可以为讨论加温。

举例来说,我们最先碰到的其中一个案例叫写字台(Lap Desk),是南非一个企业家为非洲贫穷儿童创造的一种简单的桌子,可以每天随身携带到学校去,摆在膝盖上学习。这个案例要讨论:看似非营利感觉的产品,和一家营利事业典型之间如何取得平衡?并如何推广到其他开发市场中?

这堂课一开始,教授从来自非洲的学生当中点名,要他们告诉大家他们的观点;然后点名之前在非营利机构任职过的学生,紧接着他会要任职于营利机构的学生以完全不同的观点和前面的同学辩论。感觉上很像是一个交响乐团的指挥,好的哈佛商学院教授可以经常引发火热的讨论和争辩,直到班上大部分学生都说出他们的意见,最后对这问题做出一个共识的结论。

在那天六十分钟的辩论之后,每个必修班面前的投影机屏幕会自动放下来,"写字台"执行总裁就出现在屏幕上,通过网络会议,从南非对我们的讨论提出他的评论,告诉我们实际的情况,让我们比较一下我们的提议和实际发生的状况。通过完美的信息技术同步化，他看的到我们所有人。每间教室里都有好几个内建镜头，万一我们在最后的提问与回答阶段有任何问题，信息技术人员也确保每间教室里有许多准备好的麦克风，这真的是把哈佛商学院经验与标准发挥到极致。

在整个讨论过程中，教授都不会看笔记一眼，也完全不会停下来看一下我们的背景资料，不见丝毫迟疑。在我们都还没踏进哈佛商学院校园之前，所有的教授已经都有一张布告挂在他们的办公室，上面有我们九十个人的脸庞、我们的背景、我们的国籍和我们的座位。他们记住了一切，而且是所有人的一切。要是有个案子牵涉到上海的一家中国制造公司，他自然而然地先点一名大陆学生，接下来再点台湾学生，确保我们提出不同的争论观点。他们知道我们的一切，在哪里上班、兴趣是什么。有时教授甚至会带糖果和蛋糕来，只因为那一天是我们某人的生日。而且他们从不出错，被他们点到名都是有理由的。

当每位教授在学期的期中表现评估里写下九十名学生每个人在课堂上的表现时，每个人都会拿到详细的报告，一五一十地说明，哪一堂课上我们有发言，到底说了什么，还有未来要如何加强评论内容。他们什么都记得，即使每堂课有四十个学生发言，他们也从来没有停下来做过笔记，因为要是做笔记的话，就会中止动力、中断讨论的劲道，那就不是哈佛商学院的风格了。

宿舍生涯

即使到了今天，当我回顾必修那年，有时还是会有种混合了压力、幽闭恐惧症的感觉，甚至导致窒息。大部分是归因于日复一日的课程、案例和一定得充分准备、展现十足干劲的需要，外加全程微笑，即使你的身体明明还因为连续几晚没睡，酸痛得颤抖。

另外还有一个很简单的原因：我第一年的宿舍莫里斯馆。

简言之，我痛恨我的宿舍房间，而且它很快就成为一种象征，代表着我当时备受压抑的哈佛商学院情绪。首先，它很小。必修生没有房间的优先选择权；那是给二年级生的，所以留给我们的，经常是比较旧也比较小的房间，我第二年的房间会大将近三倍。不夸张，包含淋浴、洗脸台和厕所的浴室，大概就只有飞机上的洗手间那么小，房间有直接安装好的书桌，上面的书架和单人床，大概只比我的身高略高一点，如果我站在房间中间伸展双臂，几乎就能碰到两边的墙壁。真的就是那么小，唯一的好处是，跟哈佛商学院其他宿舍一样，都有免费的内务服务。

然而最糟的是，我一天经常要花十六个小时待在里头。我跟其他不喜欢分心的学生一样，比较不喜欢待在图书馆或史班勒馆和奥德里奇馆的学生休息区里研读案例，因为那边经常有学生走来走去或讨论，因此我总是在下课或讨论结束后就回来，那往往意味着下午三点就回到宿舍。外面依然艳阳高照，而从窗户往外看，可以看到有许多选修生在贝克草坪上玩飞盘，或者边看案例边做日光浴。对我而言，不管如何，从下午三点到半夜一点，我都要坐在堆满案例的书桌前，日复一日地想办法搞清楚电子表格和 Excel 的图表，连周末也不例外，我总有一种四面墙不断向我逼近的感觉，感觉不见天日，那种感觉持续了一整年，直到完成一年级的必修课程才结束。

我记得很清楚：走二十分钟到餐厅去买晚餐，再走回来，经常就是我能够离开房间的唯一一段时间了。其间还得不断看表，不断担心我会浪费时间，担心我今晚又得读到半夜一点钟，祈祷着周五赶快到，至少我可以睡到周六中午。有几个同学就跟我说过，往往在周五下午，也就是他们回到公寓后的下午三点左右，会累到想要睡个小午觉。结果醒来时却发现，已经是第二天星期六早上八点钟。

在那样的岁月里，只是朝哈佛广场走，走过陆桥，周末暂时离开哈佛商学院校园几个小时，终于呼吸到新鲜空气，吃点学校餐厅以外的食物，还有只是看着不是莫里斯馆的墙面，都足以让人乐得面带微笑。在那年最初的一段时间里，我只是走出宿舍房间，脱离哈佛商学院校园这样简单的举动，都能带来一种让人兴奋的解放感。

学校分数就像真实世界的绩效考核。继续说下去之前，我先来彻底介绍一下哈佛商学院的分数制度，因为那和一般人通常知道的学校计分方式实在大不相同，而在许多方面，也更精细地反映出真实的商业世界。

在这比较小的范围里，有三种分数。班上九十个人里，有百分之十会得到一级分。也就是说，每个科目每个班里会有九个人的成绩居全体之冠，而既然课堂上的参与和期末的表现，经常各占了分数的百分之五十，也就意味着整体来说，相较于其他八十一个人，这九个人会有最高的总分。三级分的意思一模一样，只不过是在末端而已。换句话说，每学期班上会有九个学生的总分垫底。其他人，也就是剩下的七十二个，就拿中间百分之八十的二级分。这个逻辑和考试有没有"及格"无关紧要，因为根本没有及格这回事，如果每个人考试都拿到九十五分，而垫底九人的第一名是九十四分，那你还是拿到了一个三级分。你可以发表精彩评论、在考试中考出还不错的成绩，但最后要是你的成绩就是比班上其他人低，结果你还是在这曲线的低点，并得到三级分。

如果得到的三级分太多的话，可就麻烦了。就许多方面而言，这就像真实世界中的企业团体，身为领导人或经理人，经常没有真正对错，没有真正的分数作为表现的基准点，只要在跟你的同事比较时，你的表现相对较差，那就表示你有可能被炒鱿鱼。

第一次感觉到凉意往背脊下蹿，一直蹿过全身的经验，至今我仍记得清清楚楚。那是我第一次看到我们学习小组的 Anila 用 Excel 电子表格，为我们的财务报表管理课程做出财务报表时。看着她的双手飞过键盘，短短十分钟内，就在我眼前完成了一份高度复杂的评估预测，我惊讶得嘴都合不拢了，因为我知道，如果要我做相同的事情，至少得花上一个钟头的时间，说不定还会有一大堆错误和计算漏洞。她那么迅速又那么正确，我们之间的能力鸿沟大到我真的觉得她说的语言跟我完全不同。我太清楚那股蹿过背脊的战栗对我的意义何在，那是意识到我是如此的缺乏经验、面对哈佛商学院的准备如此不周，很可能会令我被踢出学校。

每回说起这个故事，听的人总是问我该怎么办？我该求谁来帮忙？

而我总是面无表情，用保守的口气回答："还能怎样？还能找谁来帮忙呢？"

没有人。

你应该记住，这里是研究所，每个人都是该为自己负责的成年人，平均年龄二十八岁，而且大部分人都已经在真实世界的银行或管理顾问业界经历了五六年严苛的压力。碰到了问题？你自己解决，这里不是可以去向同学哭诉、拜托他们帮你写功课的地方。如果碰上了特别的问题，朋友和学校当然都会给予支持，可是要是你觉得压力大，那又怎样？每个人的压力都很大；上课听不懂？下课后问教授，或者自己去搞懂。害怕你上财务课会落后，而且愈来愈担心跟不上未来的课程？那就熬夜到晚上两点，直到弄懂了为止。没有人在乎你的问题，因为每个人都有自己的问题。

重点是，这里期许你人格独立，自己解决问题。再说一次，如果你是那种希望任何事情都会处理好，讨厌可能会被人甩在后头的人，那么哈佛商学院可是毫不留情的。

鉴于在哈佛商学院之前，我完全不懂会计、财务，也完全没有实际的商业经验，进哈佛商学院至今的第一学期可以说是最痛苦的，因为我们被认为上课之前理所当然就该准备充分。我经常用以下的方式来做经验谈：那就像是上西班牙语课，生平第一次尝试学习这种语言，结果却在上课前一天发现，不但得先读好课本，做好功课，还得在第一堂课上就使用西班牙语跟每个人讨论，而百分之九十九的同学已经有六年经验。如果你在每一堂财务课前都不懂怎么办？学校考虑得很周到，在每晚的阅读表上，都会有"选修的"（optional）阅读联结，告诉那些入学前没有接触过财务的人，每晚多读三十页的一般基础课本，经常要多花一两个小时，然后才开始研究案例，准备分析。对了，要是像我一样，对 Excel 也几乎毫无经验怎么办？学校也想到了，把 Excel 课本从三十一页读到五十二页，然后自己练习。只有在做过这些事情之后，你才能开始读你的财务案例，开始做你的 Excel 电子表格。结果，有经验的同学每晚只需准备三个小时的资料，而我经常会忙到半夜一点钟，只因为在课程都还没开始之前，我要读、要学的东西就多了那么多。而如果你在第二天的讨论上保持沉默的话，这所有准备的成绩就是零。很简单：就没有评论，没有分数。

我对于那年必修最鲜明的记忆之一，是整个校园几乎静空、所有人都回家去，而我却留在宿舍里过感恩节。我在宿舍里重读 Excel 的课本，一遍又一遍地练习做金融仿真和表格公式到深夜，只有这样我才能搞清楚自己在做什么，还能够像其他同学一样做得那么快。

这又回到了我经常被问到的一个问题：根据我的经验，我会推荐在大学毕业之后或更早，比如在我这年纪就进哈佛商学院吗？在真正上哈佛商学院之前，我会全心全意地说"要"！何必等到你已经二十七八岁？ 为什么要等五年后再做你现在就可以打败所有人、在两年内就可以做到的事？ 有什么问题？ 上了哈佛商学院后，你可能会多吃一点苦，但那不用担心！

但是上过哈佛商学院之后，我的答案是这样的：

那就要看你真正准备得如何，看你在这么早的生命阶段里，真正想要什么的决心有多强，以及你觉得自己的痛苦与压力承受点有多高。如果你觉得自己可以接受上述持续不断的压力，以及你的年轻和比较缺乏经验所带来的额外痛苦，而且百分之百确定企业管理硕士是你在人生这个点上一定要拥有的东西，那就把所有人劝你不要的说法抛在脑后。现在就申请，只为了你自己而提出申请。

但如果你觉得自己还有一点点不成熟，或者对这决定还不够确定，如果你对必须在如此年轻的时候，来这里付出毫不松懈的代价感到不安的话，那么再等几年，直到你已经准备妥当，可能比较明智。

海上的宴会

学校对我们很好,这点倒是毋庸置疑,而且时间点总是恰到好处,就在你刚好觉得太累、神经太高度紧绷的时候,接下来的星期五就会有学校宴会。哈佛商学院举办的宴会所提供的各式各样葡萄酒和啤酒,几乎都是免费的。实际上,每个月至少会有一个星期五的课后就是欢乐时光,免费提供小菜、洋芋片,还有各种葡萄酒及啤酒来让同学们享用。我们常开玩笑说,学校知道我们压力很大,为了不让我们到校外为非作歹,安排周末让我们在学校喝酒,放松过后,就回宿舍睡觉。通常桌上或入口处会挂着大幅横条,这一次的欢乐时光是麦肯锡赞助,要不就是贝恩或是高盛。我们的第一个礼拜五,学校当然为新生办了一个欢迎舞会。因为是年度的第一场宴会,九百名新生和他们的同伴都到了,学校为了让招收到的所有新生在第一件事上就留下深刻印象,对于开销可说是毫不吝惜。

晚上九点,我们在校园内的巴士旁集合,由车子载我们到波士顿港口,那里有一艘大型邮轮,安保人员在那艘大船前检查我们的学生证。舞会在三层楼高的邮轮上举办宴会,每一层都有两个开放吧台。接下来三个小时,邮轮出海到大西洋,绕过波士顿港,直到午夜才回港。从船上望去,大都会的夜景令人惊艳。

当邮轮驶进浩瀚的大海时,现场的 DJ 马上放起音乐,在大西洋舒服的九月微风中,大家开始跳起舞来,邮轮顶楼木头地板上方的夜空星光熠熠。因为这是我们在学校所参加的第一场社交活动，大家都把握机会跳舞喝酒，跟遇到的每个陌生人握手，还是要尽量交朋友，生怕自己隔绝于这九百人之外，深恐自己不受欢迎。当你置身在拥挤的舞池中，突然不经意的仰头一望，看到布满星星的漆黑夜空是那么的安详宁静，瞬间会有种短暂神奇的感动。再回到现状，知道自己身在何处，看着几百个哈佛学生在你身旁跳舞、大笑，在大西洋海上的一艘邮轮上。想来自己都觉得不可思议，从世界这么多地方，从这么多你碰得到的人当中，你到底何德何能，今晚能在这里？等我们踏上巴士，回到宿舍，已经接近凌晨一点了。

几个月后的万圣节派对也一样，在波士顿外海大西洋中的一艘邮轮上举办，只不过每个人都换上了不同的道具服装。这一次就并非每个人都参加了，有些人或许已经厌倦了又是另一个社交聚会，有些人想要休息一下，有些人则是真的累了。在万圣节派对快要结束之际，我发现班上的同学大都喝醉了。我们手拿着啤酒，围成大圆圈，跟每个人拥抱，开心地喝酒，大声唱着我们的班歌。有趣的是，每场宴会最后几乎都是以这样的方式结束，总是会发现大多数同班同学都喝醉了，大家都在一起喝酒唱歌，我甚至无法跟你说有多少的友谊就是这样建立的，又有多少同班成员就是在这样的气氛下开始说第一句话。我们就像部队里同班接受基础训练的战友，在放假的数小时中高歌热舞。

无尽的压力

记得我们第一次礼拜五的邮轮之旅，巴士上我是坐在 Cathy 旁边，她看起来很累，我问她一切还好吗？她说学校的课业真的很重，但是我俩也都认为没有我们想象中的那么累人。我的想法是：拜托，这是哈佛，这是它的商学院！在我们周边的，可都是来自世界各国的高手！我们本来就应该很累才对。但在那时候，似乎不像我们想象的那么糟。到目前为止，起床、上课，在课堂上讨论，之后，下午三点时回到宿舍，可以有一整天时间来研读和准备另外的三个案例，就是这样不断地重复。是的，完成案例研究，在课堂讨论的压力的确很大。但是，每所学校都是这样。

不，我们同意哈佛商学院很累人，但没有我们原先想象的那么糟。

几周后，学校很快又再次举办大型宴会。在前往会场途中，我又和 Cathy 坐在一起。这一次，我们两个看起来都累了，一副如果可以选择，宁可不去宴会，干脆待在宿舍里睡觉的样子。但是，不行，如果不面带笑容走出去，你可能会感觉自己像个输家，像个弱者。在这里，不参加社交活动，会让人产生很多联想，简直就像犯罪，像付了昂贵的学费而不去上课一样。

"你快乐吗？" Cathy 皱着眉头问我。我想了一秒钟，进哈佛商学院整整一个月之后，我想是的。"不，我不快乐，但是我也不是不快乐。"我缓缓地回答。

"我认为我不快乐。"Cathy 回答,"难道你不觉得每天都很累? 这种压力好像都不会不见似的? 这些日子,我好像什么事情都不想做,只想睡觉,只想摆脱掉所有的事情,但是我又不能。"

那时候,我并不是百分之百确定她所要表达的意思,但是两个月后,即快接近期中考时,我完全明白她的感受了。

这段对话最能表达我在哈佛商学院前几个月每天的压力和焦虑,就是从来没停过。我总是告诉在台湾念书的同学,在哈佛商学院每天的生活就像在台湾的期末考周一样。台湾的大学生在学期末的最后两周,每个人读书读到像疯子,有的人可能读到凌晨两点,当天醒来参加长达三个小时的考试,下午休息一个钟头后,又继续读到第二天凌晨两点。不断重复,再重复,直到两个星期后,大约考完了八科,然后你就自由了。你可以自由地去度寒假,自由地去度暑假。

你艰苦地熬过去,因为知道几天过后,几场考试之后,一切都将结束。所以,那几天即使再怎么累,都还好;一晚只睡四五个钟头,也还好。因为几天后,你想要怎么睡就怎么睡。如果你觉得很累,但对考试有绝对把握,甚至可以选择翘几堂课,待在家里补觉,再利用其他时间来读书。

这里却不能。在哈佛商学院绝对不能逃学,不能迟到,上课中也不能打瞌睡。每个人必须专注地看着他人,在一堂课里,有九十双眼睛总是注视着彼此,也注视着可能下一秒钟就点名到你的教授,甚至连打哈欠都很危险。在哈佛商学院最艰巨的事情,就是每天都像期末考试周那样——感觉永无尽头。你今天觉得很累，因为昨晚很晚才睡？那就糟了，你明天还有三个案例要准备。生病了，不想读书？门儿都没有，这里不像其他地方可以把功课延后，之后再赶上来就好，你一定得在上课前做好所有准备。不像其他地方，只要在课后复习老师课堂所教的，或充其量，只要在课堂听，不需要事先做任何功课。事实上，在这里你一定要在上课前都准备充分，如果你没有在三堂课中的一堂发言，那你就麻烦大了。如果你继续在其他课堂上保持沉默，压力的累积可是会很快很快的。

日复一日，这种强度从来不见缓和。基本上这十五周，周周都是期末考试周，任务量和压力只会愈来愈多。第一个月时，我们都认为没有原先想的那么吃力，但是随着一周周过去，任务量逐渐加重。你开始感觉会有幽闭恐惧症，像是无止境的夏令营噩梦，看不到尽头，也找不到出路。

第一学期的压力在期中考时到达巅峰。那时我们还在调适学校的生活，仍然企图找出更有效研读案例的方法，每晚还必须挤出额外的时间来准备五科期中考，感到压力重重。当时，我每晚平均睡五个小时。但是提醒一下，哈佛商学院根本不会给你额外复习的时间，你要自己想办法同时研读案例和准备考试，也理应如此。

我永远不会忘记考试前几天的某个情景。当时我坐在教室，准备好开始另外三个案例。我的同学陆陆续续走进来，坐在我前排的女孩问坐在我左边的女孩：

"昨晚睡得如何？"

那时我虽然每天累得要命,也经常满眼血丝,但仍旧睡得很好。

"很好,"她兴奋地说,"感谢安眠药,太有用了。"

我转过身去看她,想知道她是不是在开玩笑。但她看起来非常认真。

"我就说嘛!"另一个女孩回答,"我已经服用了好几个礼拜,对我很有效。"

听了之后,我感觉舒坦许多。

就在同一天,班上有半数的人感冒,整天听得到咳嗽声此起彼伏。后来才从选修生那里听说,根据哈佛商学院的传统,第一学期接近期中考的时候,整班几乎每一个人都会生病。一旦某个人感冒,用不了多久,每个人会被传染,因为当下根本没有人敢逃学,以防错失发言的机会。

那天下午上课的时候,有一瓶泰诺(Tylenol)先在我那排传来传去,之后传到后面一排,慢慢就传遍了全班。只要有感冒的人就会打开药瓶,吞下一颗药丸,然后再传下去。这种景象,如果没在哈佛商学院亲眼看到,你绝对不会相信。

但就像生命中的任何事情一样,凡事皆有例外。当然有少数几个同学总是冷静的,总有充分的准备,有些是银行家或风险资本家,以前就曾经在数百名股东面前讲话,说服有钱的客户投资数百万美元。这些有经验的同学通常冷静地坐到课堂上,轻松回答教授的询问,一滴汗都不会流。即使在哈佛商学院,还是有好像从来都不会担心、不会紧张、不会焦虑的人。

精准的信息科技服务

哈佛商学院为学生提供的令人大开眼界的资源，大大消弭了这些压力。哈佛商学院的信息科技服务，实在令人叹为观止。早在正式开学前几天，每个人都会拿到一个账号，可以登录哈佛商学院校内名叫"我的哈佛商学院"的网站。九百个学生，只要一登录上去，每个人都会受到欢迎，进入专属的个人网页。网页上提供了哈佛商学院学生所需的全部信息。全部，毫无遗漏。网页左上角有学校近期活动的公告，包括可以链接到学校那一整天所有演讲的录音，万一你没能参加，就可以下载。右上角则链接到我的校内行事历，这学期每天的行程都已经列入我的行事历，包括上课地点、会使用到的案例。还有，万一你的原始文件掉了，也可随时下载和打印。

教授的名字、上课的座位表、甚至每个学生的照片都可找得到。"哈佛商学院班级卡"（HBS Classcard）上，有同学的联络资料、来自哪个国家、背景和学历，每个哈佛商学院的学生资料都搜寻得到。左下角是哈佛商学院在一般媒体上的新闻，右下角则是讨论版，甚至有哈佛商学院同学买卖物品的告示板。页首可以链接到每个职员的办公室，还有一个校友数据库的入口网站，可以随意搜寻七万名遍及世界各地的校友。另外，还有一个联结是提供就业服务，那里有近三十名全职的职业生涯教练（career coaches），都是各行各业响当当的人物。任何时间你都可以跟他们预约，安排四十五分钟的会面，他们会在找工作上提供协助，内容涉及我们可能对哪个行业有兴趣、面试模拟，以及薪资协商。

学校的信息科技服务向来都很精准。住在宿舍的同学常开玩笑说，只要我们人在校园里，学校就能够准确地知道我们在哪里，在做什么事。事实上，每当我没课或正在房间进行期末考时（学校允许学生这么做），很神奇，我的宿舍内务员（哈佛商学院的宿舍全都有内务员，每天来倒垃圾和清理房间）那天就不会出现，而平时她会在我早上去上课时打扫我的房间。之后，等我考完试，出去几个钟头回来时，房间已经打扫干净了。

正当我考完最后一科期中考，放下了笔，想着我可以暂时休息一下，喘口气，就在我们班上同学站起来整理好包包，打算那天都不再踏入哈佛商学院校园的当下，门开了，几位就业办公室的职员走进来，就在我们大声抱怨着重新坐下时，他们的主管开始解释：

"恭喜你们考完了期中考，今晚回去好好享受这来之不易的休息，因为明天校园征才活动即将展开。也就是从明天开始，各家想要聘用暑假实习生的公司会到学校来，你们一定要摆出最佳状态。"

我们彼此看了一眼，面带疲倦和怀疑，就不能有一周的休息时间？这样的时间点感觉真的像学校计划性地要把我们的潜能激发到极限。

压力指数不断升高，在经历日复一日的痛苦之后，我们才渐渐明白她的意思。在剩余的七个月里，也就是从明天开始，全球几百家要雇用暑假实习生的公司会在校园举办征才活动，平均一天会有多达十家的公司。例如下午三点开始，会有五家不同的公司，同时在不同的教室举办公司简介，然后四点又会有四家，六点麦肯锡公司会在四季饭店免费招待一顿丰盛的晚餐。但是相信我，那种新鲜感很快就不见了。

想想看：在那个时候，我们还把大部分的余暇都用来准备第二天的案例，却又被期待应当把参加这些征才活动当成首要之务。那意味着之后任何一天，我可能要在下午三点下课，冲回宿舍放下东西，再冲出宿舍参加三点举行的公司征才活动，四点冲回去换上我最好的西装和领带，再跑回来参加高盛大中华地区办公室举办的欢迎晚会，十点回到我的房间后，才能开始我的三个案例，再跑一下 Excel 做试算。

你别期待在这些哈佛商学院的说明会中，可以静静地听，静静地离开。这里可是商学院，站在你面前的这些人可能就是几个月后要面试你的人。所以在说明会结束后，每个人当然都会跑去跟他们要名片，试着聊聊天，问一些聪明的问题，希望他们能记住自己。即使在四季饭店吃饭的时候，到那里去也只有一个理由：试着和坐在你桌子对面的麦肯锡香港区主管聊上天，或是试着和在晚宴厅角落的奇异公司人事主管握手寒暄一下。

有个夜晚我永远都不会忘记：在一家高级饭店，我站在一群人中间，围着一家重要顾问公司的老板。Cathy 和 Gina 也站在我旁边，聆听他的发言，那时已经晚上九点了，我都快累垮了，后背也因为站得太久而痛得不得了。我手上拿着酒杯，试着站直，试着对他关于亚洲将会度过这一波金融危机的预测露出很有兴趣的神情，这个主题我已经在其他一百万次的晚宴中，听其他的顾问公司讲过一百万次了。

我清晰记得，当时我仰望着宴会厅的天花板，试着伸展背部。那一回从头到尾，我能想到的唯一一件事是：我必须赶快回去；我必须在十分钟后离开；明天的三个案例我连半个字都还没读。如果明天教授点名到我，我会死得很惨，因为我已经一个星期没在课堂上发言了！我现在就得回去准备，因为明天我一定要在课堂上讲话！ 天啊，就明天一天，我可以逃学吗？ 我可以说我生病了，或者就像在大学一样逃学？ 或是我赌一把，只读一两个案例，打赌明天我不会被叫到？ 这样我就可以早一点儿睡，明天好过一点儿。挫折、无力，感觉自己会被彻底打败。

在内心深处，我知道自己不会冒这个风险。

我会撑到凌晨两点，撑到我准备完所有的案例，除此之外，别无他法。几周后，同样的事情再度上演，这一次因为接近期末考，情况比上次更糟。那时候我们一天不只读三个案例，要参加征才活动，还得理所当然地把准备期末考摆在第一位。

某天下午下课后，门开了，这一次走进来的不是就业办公室的职员，而是学生辅导室的职员。他们解释，根据私下统计，每十一个哈佛商学院的学生，就有一个罹患忧郁症，这几个月正值高峰期。如果你需要找人聊天，记得要找人谈谈，学生辅导室的职员随时都在。不愧是企业管理硕士风格，他们甚至用 PowerPoint 来强调，根据他们估计，从未来的几周，一直到寒假，每个哈佛商学院学生的平均压力指数会逐渐攀升。

如果不是发生在自己身上,这些影像,这些在哈佛商学院以高张力戏剧性、异乎寻常的方式所呈现的事件,几乎可以说是好玩的。但那个时候,没有一个人笑得出来。

从那个月起,一直到必修的第二个学期,一直到我终于找到一份暑假实习工作,并签下合约,我在哈佛商学院的每一天都是这样兢兢业业地度过。学校仿佛计划性地要激发我们的极限,每次在我们终于调适好步伐,在被拉回来摸摸头得到安抚之后,就又会被推向另一个转折点。

及时雨的班级旅行是在期中考一个礼拜后,我们班去度了第一次假,时机恰到好处。那时候,你感觉得到每个学生都绷得那么紧,每班都被逼得那么凶,以至于每个人都想逃。我们班的第一次旅行,大家终于有机会坐下来,好好跟同班的人聊聊功课和学校以外的东西。

我与人共乘的车子很晚才到达饭店,班上的活动代表已经帮我们把波士顿往北约三小时车程的一家休闲小饭店包了下来。在寒假旅游旺季,那是个很棒的滑雪地点。但是我们班的旅游是在十月,还没有下雪,因此整栋饭店都供我们使用。我们到的时候已经接近午夜,我们在车上开玩笑说,等我们到达时,每个人八成已经睡得"横七竖八"。结果我们一走进饭店大厅,立刻听到音乐嘈杂、人声鼎沸,到处都是我们班的同学,跳舞、吼叫、进行啤酒游戏,人手一杯饮料或鸡尾酒之类的东西,有人甚至拿着啤酒跳进外头的按摩浴缸。那夜大家狂欢到很晚,跟着喧闹的音乐跳舞，直到人人都醉了才回房休息，我自己也是凌晨两点半才回到房间。

在哈佛商学院经历了疲惫的第一个月和第一次期中考后，那个夜晚我们都到了转折点。那个周末，由于大部分人喝得烂醉如泥，许多社会藩篱也不见了，在那几个小时，我们就是一家人。疲惫再加上一杯酒在手，我们再也不用担心别人会怎么看待我们，别人会期待我们有什么样的表现，隔天上学后，学校里的每个人又会用什么眼光看我们。那两个晚上，我们都累了，对哈佛商学院也感到厌恶，很高兴大家聚在一起，远离学校。第一次班级旅行度假回来后，大部分的人，包括我自己在内，都产生了一种宁静感和归属感，好像我们终于知道我们不只是同学，还是真正的朋友。我们知道我们都是 A 班的成员。

那个周末我们都起得很晚，我到中午十二点才醒来，下午一点离开房间，匹萨已经在大厅等着我们。之后有些同学在沙发区下棋或打牌，或几个人抱团到附近的森林去散步。晚上，我们聚在一起吃饭，跳舞、喝酒、灌醉的另一夜戏码再度上演。整个周末，甚至有同学整个白天就是东西吃个不停、啤酒喝个不停。就是那样的度假，我说的一点也不夸张：这正是我们需要的。

第一学期在黑领结派对中结束

第一次需要打黑色领结的哈佛商学院活动，是在波士顿商业区的 The Westin Hotel 举办。那时候我们大部分同学没有燕尾服，但是因为预想学校每学期至少会举办一次打黑领结的正式活动，所以许多同学就特别为这次活动去买了燕尾服。结果在这活动的前几周，信箱里就收到最老牌的一家哈佛大礼服店寄来的广告传单，数十年前，约翰·肯尼迪就是因为急用，而在这里卖掉他昂贵的燕尾服，我班上大多数同学也在这里买燕尾服。几周后，我们就要参加生平第一次的黑领结派对。

就在这个夜晚，我确定许多人第一次在同一个句子里听到哈佛和企业管理硕士时，会联想光鲜亮丽的哈佛商学院的刻板印象是什么。而那晚确实也没令人失望。

波士顿的六福皇宫饭店腹地广阔，是真正的五星级饭店。你可以想象当我乘扶梯到二楼，看到一排又一排的安保人员站在那里检查我们的哈佛学生证，并挡掉一般大众进场时，我们有多惊讶，再次感觉自己像专属俱乐部的会员。外套检查完后，让我们享用吧台与开胃菜，半小时后，每班同学会上楼到用餐区，在不同的厅用餐，他们真的想办法预订了十个厅，每个厅都大到可以容纳九十个人外加他们的伴侣。主菜有三道，期间还放映班上同学在过去几个月里一起经历的照片与纪念时刻。用餐的厅也很壮观，有着高高的天花板和长长的窗户，正对波士顿的商业区。在同学们穿着礼服和燕尾服的晚上，看着窗外波士顿城的灯光一路闪烁在天际，这时的波士顿夜景真是美极了。这是我的第一场黑领结正式活动，当我往饭店的窗外看时，看到了自己和我盛装的哈佛同学的影像，以及我们刚用过的晚餐，能置身在这里，我深感荣幸。那种心情几乎伴随着一股刺痛，直下脊椎，也就是有时当你思索着自己是否真的挣到，也配得上这一切，伴随着罪恶和不安感而来时会有的那种感觉。

晚宴后，楼下的大型舞池开放，真是超大的，大到像小型户外运动场，两头有着开放式酒吧和甜点桌，舞台上的 DJ 放着时下最流行的音乐。因为已经接近圣诞节了，有些人会花上几分钟走到大厅，和圣诞树拍几张照片，然后坐在那里享受一下过节的气氛。再一次，我不禁猜想：当我变老，三十年、四十年后，对于生命中的事我还能记得多少？ 我常想：要是我忘了大部分的事，那生命又算什么？

当我坐在六福皇宫饭店大厅的沙发上，听到我的同学在另一个厅跳舞、欢呼，看着 2007 年 12 月的波士顿天际线时，我知道，今晚，另一个第一次"哈佛商学院经验"将成为我今后人生记住并珍惜的回忆之一。我们全都做到了，第一个学期已经结束。

哈佛商学院的制服

我们班大部分的人，包括我自己在内，对于走在校园里的选修生有种私人的嘲弄厌恶感。在开学后的前几个月里，你经常可以轻易分辨出谁是选修生，因为他们总是穿着哈佛商学院的黑色 V 领衫班服。

我必须介绍一下哈佛商学院的V领衫，因为它们就是哈佛商学院的制服。进入哈佛商学院两个月后，SA，也就是学生会，会让你选择是否要购买有哈佛商学院标章和你班别字母的V领衫，V领衫是黑色的，白色的字母和标章绣在左胸前，连你的伴侣也可以购买。因为这些V领衫要在第一学期后半段才会到货，所以前几个月里，只要看到有人穿着V领衫走在校园里，那他们一定是选修生。

我们开玩笑说我们讨厌他们的原因是，跟我最初几个月所受的折磨相比起来，选修生上的似乎是另一所完全不一样的学校。他们看起来那么轻松，一天到晚参加社交活动，似乎也不必烦恼成绩或课程的参与度。有一个选修生甚至告诉我，前一天晚上，他居然打电动打到睡着了，凌晨三点醒过来时，遥控器还在手上，游戏还继续着，于是他又继续打下去。

我们要一直等到自己也当了选修生，才会知道必修生和选修生的生活方式有多大的不同。几个月后，我们自己的V领衫也到了。这些衣服穿起来很舒服，而且因为是黑色，几乎什么衣服都能与它搭配。之后，只要有人一早起来不知道要穿什么，就会一把抓起V领衫出门。

校友会

圣诞假期的首度回台之旅，标记着第一学期的高潮与结束。

我已疲惫不堪，也急于离开哈佛商学院。此外，今年冬天也将是我第一次以哈佛商学院现任学生的身份，参加哈佛商学院校友会所举办的一年一度说明会，告诉有兴趣的人如何申请哈佛商学院。

这边的哈佛商学院校友会和哈佛校友会是不一样的，而且好像是独立运作。我所参与的每一场校友会活动，或见到的每个校友都是通过哈佛商学院校友会，而不是哈佛校友会。在哈佛商学院的历史中，来自台湾的学生只有五十多名，再加上有许多毕业生留在美国或在亚洲其他地区工作，这边的校友会只是个小团体，却很亲密。

每年他们会自掏腰包，义务在晶华酒店举办哈佛商学院说明会，帮助那些有兴趣念企业管理硕士的专业人士，在就业生涯初期申请进哈佛商学院；另一场说明会则在台大校园举办，主要是针对大学生。申请哈佛商学院那年，两场说明会我都参加了，它们对我的申请帮助颇多。启发了我 essays（申请论文）的灵感，让我用另一个角度去思考申请的过程，更重要的是有机会接触哈佛商学院的校友。其中有一位，我完全是突发奇想问他是否可以帮我校对 essays，他在连我是谁都不知道的情况下，竟然同意了。今年，我刚好有机会可以亲自跟他道谢。

因为我回来的时候已经是 2007 年底，所以错过了第一场在晶华酒店举办的说明会，但是在台大办的第二场说明会，我终于能够到场帮忙。

这是我的母校，不过一年前，我还只是一个参加者，一边听一边快速做笔记。我很高兴回到这里来，想到身为去年数百名参加学生中一名的我，在不到一年后的现在，已经和不过几个月前，我还急着跟他们要张名片的校友们坐在一起，就有种超现实的感觉。

当天的校友有 Angela，她是台湾娇生公司总经理，还有中磊电子的创办人和总经理 James，还有其他许多人，像是麦肯锡公司的顾问、家族企业的经理人，等等。还有 Julian，他之前是这边 ebay 公司的总经理，目前在德意志银行上班，也就是那位我欠了特别人情的人。就在一年前，我以一个兴趣高昂的学生身份，参加了这样的说明会，之后还上前要了他的名片，以备不时之需。而在写 essays 时，我也写电子邮件给他，请他给我意见，每次跟他联络，他一定会亲切地在一天内回信给我。几个小时之后，我提起这段往事，并向他道谢，但他只是笑一笑。这个世界真的很小。那晚稍后我得知 Julian 和我在瑞士银行期间的主管曾经是同事，同时又得知一位哈佛商学院校友的妹妹隔天就要嫁给我瑞士银行的同事。在这边顶尖的企业管理硕士圈子里，世界实在是小。

Gina、Hyde 和我在跟校友们做完自我介绍后坐下来，接下来的三个钟头，则把自己介绍给坐在礼堂里的数百名学生，描述我们自己的背景和经历，展示一段由学校提供的哈佛商学院经历影带，解释为什么我们可以申请到哈佛商学院，回答学生可能会问的任何疑问。整个晚上，当我在观众席中看到我之前的大学朋友、社团现在的社员，以及来支持活动的大学生，还有在拥挤的礼堂回答那些直接问我问题的学生时，不得不为这世界在一年内可以改变这么多而感到讶异。一年前我还坐在观众席里，现在环顾四周，看着那些围绕在我身旁的人，我仍然不敢置信，这似乎是超现实的经验。

说明会结束后，群众中的每一个人都可以上前来询问联络方式，或提出更多的问题。十点前，James 回来载我们，大伙儿要一起去吃夜宵，算是对哈佛商学院新成员的欢迎仪式。当我们走出刚刚举办说明会的台大行政大楼时，沿途还在回答他们问题，送上名片，却惊讶地发现一排 BMW 和奔驰的车队早已经等在那里，头灯亮着，引擎开着，司机耐心地在车旁等候着。这些车是某些校友的，其中有许多是公司的董事长或老板。几秒钟后，我们被指定坐上哪位司机开的哪辆车，我迅速跟那些来参加说明会的大学同学说再见，疾驰向夜宵，车上校友坐在前座，车子一边开往我们要去吃饭的餐厅，我们一边向他们描述学校最近的发展情况。

昂贵的香槟端上桌，接下来的两个小时，我们边吃边以轻松的方式介绍自己，聊得更深入。校友轮番聊起他们几年前、甚至有的已经是几十年前在哈佛商学院里的故事。他们给了我们名片，提醒我们若有任何需要，或者再度回来时，务必跟他们联络。他们结了账，我们坐进司机耐心等在饭店外头的车子里，他们祝福我们好运连连，希望下次再见，或许是明年吧。

那晚在回台北歇息处的途中，我仍试着消化这件事：不过几分钟前，我还与那些对我而言似乎太遥远、象征着根本难以触及的理想人物比邻而坐。就数字上而言，在参加哈佛商学院举办的说明会的人当中，每年大约只有一位能够申请进入哈佛。

总之，那晚的夜宵对话非常温暖，他们的欢迎非常诚恳，而如今我也已经算是身在其中的生活方式，更是让我大开眼界，这是我对哈佛商学院校友的第一印象，象征着我生命中另一个舞台的起步。

第三章

**制造运气：主动出击，
总有一个人会为你带来好运**

我在满心紧张与担心中开始了第二学期的第一天，课程才刚刚开始而已。开学前就紧张是对的，因为在开学前几天我接到了成绩单，成绩不如预期，有几个三级分。最重要的是，那意味着不管有多累，我每晚花了几个小时努力要赶上的财务、会计或信息技术课程的进度，在新的这一学期，我甚至还得更努力一些。

一言以蔽之，不管上学期多累，即将到来的这一学期最可能发生的情况，就是让人更加疲惫。

但首要之务，我得搞清楚要如何改进，于是跟上学期领导与管理科的教授碰了面。新学期的第三天，我与凯普兰教授（Professor Kaplan）相约在史班勒馆二楼的私人研究室碰面。凯普兰教授愿意和每个想要向他寻求建议的学生见面。

结果，我需要改进的地方竟然简单到不行。从头到尾，尽管我觉得自己在课堂上说的已经够多，不过还是需要再多说一点。我发表的评论经常是个人的看法，或仅是提出我的个人论点，在主要的论点后，缺乏后续说服的推理理由或支持这个论点的事实。这种演讲功力会随着时间增长，只要持续学习下去，我的信心、洞察力和原理的阐述能力都会成长。还有最后一点，在期末考卷上，我花太多时间描述问题。

我说我过去是个作者和记者。

"那就是问题所在了,这是个商业世界,大部分经理人并不想要看描述题的长篇大论,他们想要的,是尽可能在最短时间内知道问题所在,谁该对这个问题负责,以及你打算怎么做? 简言之,你只是年纪比较轻,比较不习惯企业界的模式,你不会有事的。"

教授一路送我出了史班勒馆,然后给我私人联络方式,告诉我如果有任何问题,或只是想谈谈也行,任何时候都可以跟他联络。此外,他又说了一次我没事,说许多哈佛商学院学生都是这样,很正常,只是没有人挂在嘴上。

离开的时候,我的心情与脚步都轻松了许多。

地狱周

必修的第二学期和第一学期相当类似,这学期的课是:策略、中级财务、协商与谈判、创业经理人、LCA(代表领导与企业),以及 BGIE(代表企业、政府与国际经济)。除了课程是由不同教授教的,其他的程序、分数和课程讨论的机制大致相同。

不过,还是有个天大的例外:地狱周。

寒假的时候,我们真的开始寻找暑期工作。在第一学期参加公司餐会和事务所说明会的几个礼拜后,就是我们向这些公司求职的正式截止日,时间大约在寒假。寄出求职信后,我们就回到学校开始第二学期的课，看看哪家公司接受我们的求职，提供第一轮的面试，第一轮要是通过了，紧接着就要投入第二轮的面试。在那之后，往往要飞到纽约或旧金山去进行最后一轮的面试，最后这一轮经常得和世界上顶尖的商学院学生竞争。

大家都认为哈佛商学院的学生可以轻松取得工作机会？以为最好的商学院学生在求职和面试上不用担心，也不会有压力。实际上并不是这样，尤其在金融海啸的这一年求职时，特别明显。

简单地说，景气的时候，一家大型顾问公司或银行，仅是从哈佛商学院就可以雇用好几十名学生。四周有这么多的机会，悠闲走在校园里的哈佛商学院学生，手头当然总有三四个工作机会。然而在不景气时，如果 Google 今年只提供三个名额，但哈佛商学院的学生随时都有九百个，那会怎么样？说不定会有一百个哈佛商学院的学生同时求职，为这三个职位互相竞争，而这，还没把其他顶尖商学院的可能竞争者计算进去。不，在"下坡"时期，连哈佛商学院也经常会为了几个相同的职位互相厮杀。

地狱周落在一月下旬。基本上，学校会停掉这周所有的课程，好几百家今年想从哈佛商学院雇用新兵的事务所会到哈佛商学院来举办面试。有些面试在校园中举行，不过大部分还是会在附近的饭店房间里举办。你自己去查询他们的面试时间和地点，如果得到面试的邀请，就在他们有空的字段上签名。平均来说，一个哈佛商学院的学生在开放周里，会有七场左右的面试，全靠你去准备、安排与穿出最棒的自己，不断从这家饭店房间冲到另外一家，看起来要一直光鲜亮丽又充满自信。你往往会在第一轮面试的几个小时后接到通知，请你第二天去做第二轮面试，而你第二天自然会再去，准备了一场接一场的一周面试以后，九百名同学中幸运的三分之一可能便得到暑期工作机会，这学年剩下的日子他们大可以自在地呼吸了。

剩下的人，尽管地狱周已经结束，但是最惨的部分才刚开始。我们恢复上课，而现在每个晚上的首要之务，是要多花几个小时去搜寻对我们有兴趣的公司，并通过校友数据库，找出在那些公司上班的哈佛商学院校友，跟他们联络，询问他们能否花几分钟的时间跟我们讲一下可能有空缺的工作职位。地狱周是结束了，没错，但在哈佛商学院，除非拿到工作 offer 才算完全结束，否则轻松不起来。

另一种眼光看纽约

也是在这个时候，我首度从一个真正"企业人"的视野来体验纽约市。

纽约市我当然去过，但以前总是和朋友同行，到那些知名的景点游玩，看闻名于世的表演，或逛逛商场，不过进入哈佛商学院后，让我看到纽约大不相同的商业面。

这学期我和城内几名杰出校友保持网络上的联络，而在为期三个月当中，已经和赫氏出版集团（Hearst Publications）的总裁在他们面对中央公园的漂亮总部顶楼见过几次面，做了一次哈佛商学院纽约媒体之旅，拜访了 Google 纽约办公室、MTV 在时代广场上的总部以及相差只有几个路口的 HBO 总部，并且和哈佛商学院学生及校友一起到肉品包装区的夜店去混。

那也是我第一次在杂乱扩建但历史悠久的纽约市哈佛俱乐部（Harvard Club）里吃早餐，这家像是古老宅邸的俱乐部只招待哈佛毕业生。与在城中人行道上闲晃的观光客完全相反的是，以一个企业人士的身份去体验时，纽约市看起来就变成了一个相当不同的地方。哈佛商学院证件就像某种护照，带你通往最知名的聚会和结识最杰出的人士，特定的那些门和秘密通道原本都是关上的，现在全打开来欢迎你。

哈佛商学院媒体之旅持续了三天，第一天晚上我下榻莱克星顿（Lexington）和第五十九街口的旅馆。因为那天下午我是哈佛商学院下课后直接来纽约，所以就像普通学生那样穿着牛仔裤和 T 恤，没有人太注意我。

两天后，我起了个大早，换上我最好的西装，再加上大衣，因为早上我和赫氏出版集团有另一个约见，下午在一家很时髦的苏荷 lounge 里，还有另一场校友聚会，我是为了下午的聚会才做这样的打扮。

想不到我一走进大厅，马上引起服务生的注意，主动说要帮我提手提箱，又说要帮我叫出租车。赫氏大楼只在几个路口外，所以两项我都婉拒了，但还是礼貌地微笑道谢。当我走在熙攘的纽约街头，一手提着公文包，一手端着咖啡，尤其是抵达赫氏总部之后，接待员马上站起来接过我的外套，帮我送上水和点心，从五十二楼往外看中央公园，我心里不禁想着：从不同的角度看出去，世界真是大不同。当在会议室的我转身，而总裁走进来接待我时，我又默默感谢了哈佛商学院一次，并提醒自己：即便像是这样的经验，或者说特别就是这样的经验，正是企业管理硕士教育的精髓之一。

最糟的找工作时机

2008年春天是极不利于找暑期实习工作的一段时间，市场刚刚崩溃，我们周遭的一切都不断快速地下滑。景气好的时候，到地狱周结束时，班上绝大部分的人都可能确保有暑期职位，有些人大概还会有好几个工作机会。但这一年不同，由于招聘的公司减少，加上哈佛商学院等级的暑期实习月薪在七千美元左右，显然我们的身价有点太贵了。

如果你是哈佛商学院里最年轻又最没有经验的学生之一，那么2008年春天是找暑期实习工作更糟的时刻。原因很简单，经济不好时，大型顾问公司可能只请五个人，而不是往常的三十个。光是哈佛商学院一所学校，就可能有一百名求职者，如果你今年要请的人少了很多，外加希望雇用他们的风险降低，那么谁对你的价值比较高？三十二岁，有近十年跨国工作经验的人？或是二十五岁，工作经验不到两年的人？经济好、职位空缺充足的时候，光是哈佛商学院本身的名号，无论年纪多大或多小，大家极有可能保证能收到近三个工作机会，年纪小不要紧，但是经济状况不好的时候，追求同一份工作，争取同一家公司，本质上就是互相扼杀对方的机会时，对于哈佛商学院年纪较轻的学生就变成了不利条件。因为我没有多少经验可以用来判断，也不完全确定自己对哪个部门有兴趣，于是就在许多只要不是真的很讨厌的产业当中找实习工作。我向顾问公司、房地产、媒体和精品业求职。总的来说，到暑期实习工作求职的尾声，当我终于和两位雇主签下合约时，我大概发出了近四十份不同的求职函，结果只接到了五个面试机会，而我肯定不是唯一的一个。2008年夏天，人人都推测哈佛毕业生找工作没有什么好担心时，我们听了都大笑，因为每个人都说经济不好对我们应该没有影响。有，绝对有影响。大部分人都忘了，因为我们比其他员工昂贵，所以在人事缩编时，我们有时是最早被请走的一批。还有，光是哈佛商学院学生就有九百人，为了一个工作相互厮杀，2008年对所有正在找工作的学生而言都是坏年头，哈佛商学院也一样。

到了三月末，我还没有找到一个暑期实习工作，春假在几个礼拜后就要开始了，之后便接近学期尾声。到那时，或许九百名学生当中，有百分之六七十已经拿到了工作机会。我开始担心起来。

在班上的滑雪旅程出发前三十分钟，我终于得到了一个机会。几个星期前，我大约发出了十封电子邮件给任职于不同公司的哈佛商学院校友，这些公司都是我感兴趣的，有些回了信，有些没有。上个星期，一位十年前毕业的校友 Evan 回信说我这周可以找个时间给他打通电话。他在我打包的最后几分钟时回了电话。

电话很短，只讲了大约十五分钟，没想到他也是 A 班的，只不过是十年前的 A 班。我们聊了一下哈佛商学院，他当年在这里时的情景，以及学校里的新发展，然后我就直接说明我正在找暑期实习工作，那是身为哈佛商学院校友的他知之甚详的。我提到我一直都是 Polo Ralph Lauren 产品的忠实爱好者，拥有不少他们的东西。要是可能，在 Polo Ralph Lauren 实习对我来说，会是个完美的机会。我问，不晓得他或公司其他人，那年夏天有没有在找企业管理硕士的实习生。

他的答案也出奇地直接，他本人现在正是纽约市众多旗舰店之一的总经理，他说他或许可以提供我一个暑假实习的机会，借机了解如何经营一家员工七十人的旗舰店，并获得在流行、奢华精品及零售业的内部训练。他问我知道他的店在哪里吗？巧合的是，我之前去过那家店。他请我安排下次到纽约时跟他见个面，我照办了，几个礼拜后我们在店内见了面。他在店内的 Ralph Lauren 家居部门面试我。时间只有三十分钟，而且大部分时间都花在分享哈佛商学院的故事。既然他是这家店的总经理，对我而言最棒的事情，就是他本人即可决定是否雇用我，这家店有自己独立的收支系统，所以只要他能让店内现金流动，基本上他想顾谁都可以。因此他可以为我创造一个暑期实习职位，用不着向总部报告，然后为我省下宝贵的时间。他接着说明他可以提供什么条件，要是我没有异议的话，几个星期后我就会收到雇用函。我走出店外，松了一大口气，到了三月末，我终于拿到了一份暑假实习工作。

因为我选择了坐下

我在两周后碰到了 Ray，其实在那之前我已经在学校里见过 Ray，因为我是 2008 年哈佛亚洲商业会议的召集人，而他是会议其中一个主要组织干部。我对他有基本认识，但直到会议结束后的春假前一个礼拜，我才有机会跟他见面，结果那次的碰面戏剧性地改变了我之后的哈佛商学院经历。会议很成功，因此几个礼拜后，我们在哈佛广场附近一家印度餐厅内，为会议所有的干部办了场庆功宴，巧合的是，Ray 就坐在我左手边，我们随兴聊了起来。那是我们第一次交谈。我们都问了彼此这学期结束后要做什么，我回答说我要去纽约市的 Polo Ralph Lauren，他听了深感兴趣，对于一个亚洲国际学生要到最美国化的一家精品公司去工作，感到很惊讶的样子。然后他提到他接受了三丽鸥（Sanrio）营运长的位置，将主管设在旧金山的美国营运处。他说，要是我有兴趣的话，春假后何不给他一通电话，他六月上班，七月可能用得上他信得过的哈佛商学院同学去帮他。过了几个礼拜，等我与 Polo Ralph Lauren 确认过实习细节后，我给 Ray 打了电话。接下来几个礼拜，我跟他面试了三次，稍后才知道还有好几个同学也对这个职位有兴趣，也接受了面试，竞逐这个职位。直到后来接到他的正式邀请，前往旧金山去加入他的行列，我才晓得他出身日本有名的鸠山（Hatoyama）家族，四代东京帝大毕业生，三代哈佛毕业生，他们家族是日本的政治王朝，曾经出过首相、企业创始人和领导者，以及好多位内阁阁员。

第三章
制造运气：主动出击，总有一个人会为你带来好运

在找了几个月的工作运气都不怎么样之后，结果那年夏天我有机会体验两份实习工作，七个礼拜在纽约市的 Polo Ralph Lauren，接下来五个礼拜在旧金山的三丽鸥。而就在几个月后，三丽鸥的这份工作还让我在拿到企业管理硕士后，开始了第一份正式工作，在大型跨国企业担任高级经理人。

有时人生真的很有趣，你永远不知道接下来会发生什么事。现在想起来很好玩，最初坐下来开亚洲商业会议的庆功宴，我走进房间里，跟着一群人找座位，看到我会坐在 Ray 这个我不算真正认识，也没真正聊过天的人旁边时，有那么一刹那，我几乎想要横过整个房间，到桌子另一头去另选一个位子坐，但是我没有，结果我坐了下来，而幸运之神也跟我一起坐下来，彻底改变了我在哈佛商学院的余日。

人生多么有趣。有时，就只是归结于你选择坐在谁的旁边而已，特别是在哈佛。

终于到了四月末，大部分人都找到了暑期实习的机会，并确定接下来的十个星期会到哪儿去。暑假其实接近十二个星期，而大部分的实习工作会持续八到十个星期。Gina 最后接受了波士顿顾问公司在香港办公室的实习职位，Cathy 也接受了贝恩香港的顾问职位。Hyde 要到伦敦去，以他先前的信息技术背景，整个夏天都会在英国电信上班。Wayne 则待在波士顿的财务服务领域里，Paul 则将夏天折半，大部分是在麦肯锡的底特律办公室，担任汽车企业的顾问，接着再前往旧金山，为哈佛商学院校友创立的特斯拉电动汽车（Tesla Motors）工作。

我的同学们

有三个同学值得介绍给大家。

第一位是我在必修年的几个礼拜后就认识的 Jennifer，来自南达科塔州。

她毕业于华顿商学院，在旧金山工作了一段时间后，就搬到香港，并在那里上班，同时申请哈佛商学院。因为对亚洲事务有兴趣，所以她说得一口流利的广东话，稍后被选为哈佛商学院亚洲商业社（HBS Asia Business Club）的社长，我也是社员，后来还担任干部。我们在必修那年都住在莫里斯馆，毕业后也都搬到了旧金山。

Hide 是我班上的日本同学，上了一年的必修课后，我们变成了好朋友。到快毕业时，我们之间甚至已经培养出一种模式：他会到我的宿舍房间来，我们先点餐来吃，稍后在我房里一边品酒或喝啤酒，一边看电影或玩电玩；或者我到他公寓去，由他亲自下厨。大我六岁的他因为要赶在毕业之前结婚，所以我成了他单身汉宴会的其中一名承办人。Hide 对保健业始终充满了兴趣，毕业后搬到西雅图，为他先前的制药业雇主工作，担任美国分社的副总裁。

最后是 Emmanuel，我们经常叫他 Manu，法国籍同学，之前在欧洲做过顾问。大我两岁的他和我在选修那年成为好友，一起做企划、每周玩一次回力球和撞球，和 Hide 三人常一起去参加哈佛商学院的宴会，跑跑夜店。毕业当天，我们先在我宿舍的大厅碰面，然后一起走到哈佛商学院学生的集合地点，参加我们的毕业典礼。

班上流传着一个笑话说，这里最聪明的人并非那些为了得到学位，好在之后赚大钱而受尽折磨的企业管理硕士生。不，这里最聪明的人是那些伴侣，尤其是哈佛商学院学生的年轻妻子们。她们在丈夫每天苦于上课时，可以来夏德馆和哈佛商学院身材标准的教练打网球，参加所有迷人的宴会，体验哈佛商学院的生活而无须吃任何苦头。哈佛商学院对学生的伴侣和家人非常好，他们可以享受所有属于学生享受的福利，学校甚至好到会给伴侣专属的哈佛商学院网址账号，还有定期举办的伴侣活动与聚会。就像我们开玩笑说的那样：对伴侣而言，这就像是每天去乡村俱乐部。我班上一个日本同学说他太太很喜欢这里。

"什么？"我说，"我以为她不懂英语，她不会觉得无聊或寂寞吗？"

"不，完全不会。"他大笑着回答，"根本没这必要！每天早上起床后，她只要帮我做午餐和晚餐，其他时间就可以去五星级的夏德健身馆，和她的朋友到商业区去逛街，或只是开车在波士顿四处逛，回到日本以后，她就没有这种自由了。"

上课之外

因为哈佛商学院校园和哈佛主校区是分开的,中间还隔着查尔斯河,而且拥有自己的食堂、体育馆、停车场、宿舍和公寓,所以我们经常有种生活在自己的企业管理硕士小世界里的感觉,而非实际上属于哈佛的一部分。常常是因为我们为了特别的晚餐,或是过周末而跨过陆桥,才会与哈佛社区重新合二为一。整体而言,身为哈佛学生好玩的地方就在于,常常仅拜学校名号所赐,就能免费得到许多惊人的机会。比如说,只是在第一年里,我就参加了一些演讲会,亲身和李连杰、娜塔莉·波曼(Natalie Portman)见面,全部免费,因为每天都有无数杰出的宾客获邀来演讲。

我生平首度去滑雪也是在第二学期,这也是哈佛商学院的一项传统。地狱周结束后,每班都会安排各自的旅游。通常是在三月初,我们会订一个车程两小时左右的滑雪度假区,而几乎全班九十人,有些人还带着家人和配偶,都会在那里待上两天。我们会在周五晚上抵达,全体在附近一家餐馆集合,在预订好的大房间里用晚餐,以及理所当然地喝一大堆啤酒。事实上,几乎任何这种班级旅游和度假期间,总会有某一辆车的整排后座或整个后车厢,都用来载运各种酒。我们会狂欢到深夜,隔天早上醒来后出去滑一整天的雪,之后再度全体集合,基本上就是把周五做的事重复再做一次。被学校搞得精疲力尽,滑了一整天雪的身体还痛得不行,而灌了两天的啤酒更是心智涣散,我们全都瘫在饭店的木头小屋里。半夜三点的此时，雪花正在外头狂旋，不过到了隔天下午的三点钟，我们都会回到自己的公寓和宿舍，着手明天的案例，准备下个礼拜的面试，赶在周一前让一切就绪到位，人人不例外。这是将哈佛商学院精神发挥到最极致。我们努力读书也尽情狂欢，但总是能把事情做好。那年冬天，我也学会了如何滑雪。

纽波特舞会

如果我没有巨细靡遗地描述年度最后及最大的哈佛商学院宴会，也就是纽波特舞会，那么我的哈佛商学院必修年故事就不算完整。这个宴会在期末考前两周假时，在罗得岛（Rhode Island）的纽波特举办，那里是卡内基和洛克菲勒家族的古老避暑大厦，激情、兴奋以及整个周末灌下的酒精，完美地捕捉住云霄飞车的紧张感，以及必修年末所需的暂时解放。

每年，学校都会租一栋超大华厦，足以容纳我们九百个累疲了的必修生。而由于在这年的这段时光，这也算是我们努力所得。在前去参加宴会的途中，我们都了然于心，知道自己那晚肯定会喝很多酒。

再一次，由班上有车的同学分别载二三个人过去，我和一位来自南卡罗纳州的美国同学 James 同车，一路聊过去。第二年成为选修生后，我们就常结伴去参加宴会。

我们在下午六点左右住进饭店，换上燕尾服，稍微迟了点到宴会，我们抵达的时候，宴会已经完全进入状态。我们停在大宅邸外，安保人员检查了我们的学生证后，我们就进去了。

大伙儿很快坐下来，并且到自助餐区去拿东西吃，总共有三个大餐厅、两个吧台和一个大舞池。大厦的大厅里设了休息区，给想坐下来聊聊天，或已经喝得太醉的同学歇脚，第一班回我们饭店的巴士要到凌晨一点才会发车。

晚餐并不特别，因为它原本就不是那晚的焦点，我们全都在半小时内吃完晚餐，并且很快找到许多驻在吧台前的同班同学。那是个开放的酒吧，仅是今天一个晚上，就花掉我们每人一百二十五美元。从晚上九点到凌晨一点，我班上同学和我就站在吧台前，开心地彼此敬酒，偶尔我们也会到舞池去一起跳舞。到那时，我的领带已经松开，礼服衬衫的上面几颗纽扣也已经解开。是的，在哈佛商学院里我们喜欢争强斗狠，连喝酒都比。想到明天的行程，我不禁大笑，我们该在中午醒过来，然后到附近的酿酒厂去品酒。

我们整班这个周末都会在这里度过，在这历史小城中到处逛逛，去一些妈妈、爸爸型的小商店，并参观纽波特的豪华大厦，明天晚上我们会在纽波特轮船俱乐部（Newport Boat Club）用晚餐，然后睡到很晚才起床，到周日下午很晚的时候才开车回去，接着期末周就要开始了，那部分我甚至连想都不想去想，在今晚，我当然更不愿去想。到一点钟离开时，我已经灌下许多酒，我不时会想办法偷个闲喘口气，到大厦周围去走一走，我看到

Cathy、Wayne 和 Gina 坐在角落里聊天，用简单的剪刀、石头、布和 Cathy 划着酒拳。

我和他们坐了几分钟，移动电话就响了，那是看到我跑掉、没再继续喝酒的班上同学，他们要我回去继续加入拼酒的行列。我心想，不晓得回去的时候，我的燕尾服上会有多少酒渍，衬衫会不会毁掉。之后，所有的事情都变得模糊不清。我记得和其他人在半夜一点钟时等巴士，差点被新英格兰的夜风给冻感冒。我在巴士后座睡着了，而大部分人连走都走不稳。在好像只过了几秒钟后睁开眼睛时，竟然已经回到了饭店，我尽全力冲回自己的房间，听到后头有人在叫：还站得住的人应该到某个人的房间去，大家可以继续喝。可是我已经往自己房间走了。在冲往床铺的途中，我还顺手扯掉了领带，我的头沾到枕头就睡着了。

回想我的同学和我穿着昂贵的燕尾服和晚礼服，跟着 DJ 放出的最新曲调在舞池上跳舞，在酒吧流连，把领带和熨好的西装搞得乱七八糟，那画面和象征意义让我不由自主地发笑。

燕尾服、礼服和古老的大厦代表着外头的人，甚至是我们对自己所期待的哈佛象征：聪明、优雅又有教养。然而那夜狂野的舞蹈、咏唱和无数杯的饮酒，不也代表着真正哈佛商学院?

来到这里的代价奇高，对每个人都是。我们都累了，被那一个接一个的案例、必须在课堂上发言的持续要求，以及为明天的辩论所准备的每个晚上搞得好累。一旦搭上了哈佛商学院这班列车，就没办法下车，只能全速开到终点。

明天又是新一轮的案例、考试和求职,但是今晚,那些都可以等一等,只有今晚,我们要把生命活到最充沛,以喝酒宣泄我们学习的压力。如果想一想,是的,我们渴望青春的自由与浪漫。人生难得年少时,如果不是现在,更待何时?

第四章

学会感恩：受人恩惠，亦要记住回馈他人

破圈

五月下旬，我们结束第一年期末考最后一个科目。经过几天和班上同学的欢聚之后，我们就将自己的东西打包，存放在地下室的贮藏室里，搬出第一年的宿舍，带着小旅行箱，开始另一个企业管理硕士的古老传统：暑期实习。我在五月底抵达纽约 Polo Ralph Lauren。从六月第二个星期开始，我要在离曼哈顿二十五分钟行驶距离的长岛曼哈西特（Manhasset, Long Island）Polo Ralph Lauren 旗舰店为 Evan 工作。

这个独特的门店位于长岛相当富庶的地区，一直饱受员工高流动率之苦，过去几年表现得并不理想，公司给 Evan 两年的时间改变现状。我原本认为实习会相当松散，因为这家店从来没有用过企业管理硕士实习生，但第一天我就惊喜不已。

Evan 知道我以前并没有零售经验，贴心地准备了七周的轮调计划，好让我在每个部门都能获得速成训练。第一周到第五周，我基本上是跟着各个经理轮流在营运部、男装部、女装部、童装部和家居部工作。工作内容完全取决于当天的经理，例如：女装部的经理认为她不好要求我去做太无聊的事，因此她确实要求我一天八小时都跟着她，解释她日常工作的每一项小细节，还有她从三十年零售经验里所学到的点点滴滴。男装部经理则一点都不在乎我的哈佛商学院背景，他说学习零售最快的方法就是"开始动手去做"，所以第二天他就要我站上销售战场，开始销售。没有训练，没有时间把产品都看过，边做边学，记住产品的特性，搞清楚产品放在库存室的哪里，并学习如何向顾客提供最好的服务，这些都发生在混乱的美国父亲节周末。

这个门店也让我看到美国相当不同的一面。长岛这一区是许多美国最富有人士居家的地方，纽约所有成功的银行家和金融家结婚之后就搬来这里，好让孩子在纽约市外取得比较友善的教育环境。在这个门店里，年轻的妈妈会毫不犹豫地在三十分钟内花掉两千美元，只因为她七岁大的儿子需要一套衣服参加某项学校活动。在我实习的第一周里，一位同事开玩笑对我说，这里有最高的富裕家庭主妇隆胸率。在这家走进来的每个人都有可能是百万富翁的店里，良好的个人服务和管理良好的店铺是做生意的基本要件。

在各部门轮调之后，实习的最后三周，我是和 Evan 在他的总经理办公室里度过的，实际上是和他共享一张桌子，而他则给我一些"管理企划"做，类似于外部顾问的角色。经过五周在门店文化的"洗礼"之后，从一名经理人的观点来看，这三个星期是我终于有资格能被赋予责任的时候。我运用我对这个门店和这家公司的了解，评估并设计了一套新的雇佣政策来解决员工的高流动率，并写了四份如何为这个门店制造更多宣传和销售的商业／公关计划书，主要是以更年轻的族群为目标。

关于人力资源企划，我的观点并非打击高流动率，那其实大部分肇因于无经验的销售同事应征了一份并非真正适合他们的工作。我联系了纽约市区及郊区全部近二十所设有时尚或设计学系的学院，并在这些学院的求职资料库里建立了 Polo Ralph Lauren 的账户和招募公告。我相信，通过和附近学校建立并维持早期的联系，可以在我们这个门店、公司和未来年轻时代，以及了解时尚和零售是他们想要的积极学生之间，保有一种长期和一定水平的关系。

在这三个礼拜内，我也有机会见识到系列产品是如何设计的，经理电话会议时坐在一边旁听，并学习无数公司利润、各项收入的内部细节，最重要的是，这些"高档"商品的成本。

这些事实、数据和杂乱堆在库存室柜上的"高档"商品所显现的讽刺意味景象，使我想起展示的重要性和零售的奥秘。如同许多经理多次指出的，Polo Ralph Lauren 的衬衫比 Wal-Mart（沃尔玛）的衬衫好吗？ 当然，然而它们有好到值得高十倍的价钱吗？ 当然没有。对大部分顾客而言，售出商品实际的价格并不是那么重要，对我而言，这就是我必修那一年营销学教授所说的最生动的例子："价格就是你的目标客户愿意付出的最高金额。"成本不应该是限制的因素，成本和价格应该无关。如果对一位顾客来讲，一件正式场合穿的男衬衫值八十五美金，那么不论其成本有多低，你的目标就是要索价八十五美元，因为那是你的顾客愿意付的价钱。

看过了散落在库存室各处的商品，又在仅仅数步之遥，看到一模一样的产品被擦得亮晶晶的，小心翼翼地折好放在真正的销售楼层，我完全同意这个说法。所以现在通常的情况是，除非折扣相当大，否则我会面无表情地拒买任何贴有"高档设计师"标签的东西。

当时，我并不确定自己会不会考虑毕业后立即进入精品时尚或零售业,因为那并非一开始我就决心进入的行业。我在那七周里所运用的招式大部分是软技巧:大量引用来自领导与管理课的经验,尤其是在人力招募程序中;同时还运用了许多营销技巧,尤其是要帮店里的销售活动写商业计划时。我偶尔会运用会计学和财务学,特别是在头几天置身营业部门,学习如何看借贷表和资产负债表,并搞清楚我们商店的成本大部分出自何处的时候。但即使我在总经理办公室三周,我的观察是:在这个行业里,至少有百分之八十仍然是人的技巧,服务／应对／接受顾客;由于奖励结构的关系,销售同事可能会有利益冲突;不同商店之间的管理,如何提高商店活动在小区里的能见度,等等。到此之前,我已经耳闻无数次,这里却是百分之百的真枪实弹:一旦成为经理人,在一天结束时你会惊讶地发现,真正有价值的是你所管理的人以及你所创造的团队,领导与管理课是你在毕业很久之后仍会回头参考的一门课。

出身非金融背景的我,很高兴意识到这行业的这部分和我的个性满合的,而且在我选修的那一年,以及毕业之后相当久的一段时间,会成为我事业生涯中持续寻找的一贯主题。

最后,我在 Polo Ralph Lauren 遇到的其中一项关键经验是件小小的文化逸事,整个夏天一直萦绕在我心里。

第三周某天下午四点,我在库存室里晃悠,因为我们店也负责纽约地区大部分服装的修改工作,所以地下室有约三十名男女裁缝师,他们大部分是讲西班牙文或意大利文的第一代移民,英文懂得不多。早上和下午各有十五分钟的员工休息时间,就在那个下午,他们一大群人,大半是三四十岁的妇女,正在库存室里以优惠甚多的员工折扣，挑出想要购买的 Polo Ralph Lauren 产品。

他们全集中在童装区。

经过他们身旁时，我看到他们拿起八岁男童 polo 衫和牛津便鞋时露出兴奋的表情和满足的笑声，现在可以用特价买到了。他们每天在这里辛苦工作，所以或许每个月有一次他们可以走到库存室，不是为他们自己，而是为他们的孩子挑出带有美国传统启发的美学和红、白、蓝三色，也就是美国最棒的象征之一的 polo 衫。在他们开心聊着时，我忍不住心想：

在许多方面，这就是美国梦的精髓？

一个月有那么一次，一天有那么一次，在闪闪发亮的眼睛和快乐满足的笑声里，尽管每次只是通过一件 polo 衫，而且还是买给他们的孩子，他们还是实现了自己的梦想。

以我这个有哈佛商学院背景的学生来看，此刻经常提醒我：无论这个暑假我们做了什么，是轮调培训计划、领导发展计划或管理训练位置，也不管我们这九百人认为自己有多重要，重要的是要记得，对世界上许多人而言，对于那些在外面想要进来的人而言，因为资源和运气远不如我们，他们的世界就是如此；从一个上班日零售店库存地下室的一角看来，世界就是这个样子。

那些短暂时刻很可能是我在那个夏天所学到的最重要的一课，而且我希望自己出了库存室外之后，那个影像还能跟着我，伴我进入任何企业角落的办公室、董事会，或是幸运到足以欣赏窗外风景的摩天大楼里。

别忘了感恩

至今，每当我回顾现在自己在的位置、我有幸看到的一切以及引导我到目前这个位置的种种，总觉得在我的哈佛商学院生涯里，有两个人惠我良多。首先，Evan 开启了一切，冒险用了我。第一次碰到 Evan 时，我正拼命想要找一份暑期实习工作，我年轻而没有经验，而且没有任何零售背景。回想起来，我可以贡献给 Evan、给 Polo Ralph Lauren 公司的相当少。然而，Evan 却肯利用额外的时间，辛苦领我入行，为我在他的旗舰店里创造了一个架构结实的学习经验，启发了我，让我稍后可以跨出我的职业生涯。这一切都是为了一个陌生人而做，至今我仍旧和他保持联络。

Ray 也一样，在他面试的所有人当中，我既年轻又没有经验，也不会讲日文，当时对三丽鸥的了解也相当少。同样的，我却是他后来邀请那年夏天去旧金山和他共事的人，这个决定直接带领我通往我企业管理硕士毕业后的职业生涯。

有时候，人生真的很好玩，或许真有一个崇高的计划，一个命运早就已经计划好的崇高计划。

不管是不是，命运真的不在我的控制之中。那年夏天，我只是学习珍惜生活中每一个积极的变化，并记住：当陌生人突然为你做某一件事，或者当突然的遭遇改变人生时，就是这样的感觉。如果我可以在那个位置上协助他人，就如之前我所获得的协助一样，我一定也会那样做。

旧金山：三丽鸥股份有限公司

在 Polo Ralph Lauren 七周之后，我飞到旧金山去为三丽鸥工作。三丽鸥以拥有 Hello Kitty 和三百个其他角色、餐厅、游乐园和电影制片闻名，在亚洲相当受欢迎。如同之前提过的，Ray 这一年刚毕业，就获得一个棒得不行的机会，担任三丽鸥营运长，负责的工作包括管理日本以外所有国际事务的营运，而且因为我们恰巧在亚洲商业会议期间一起工作，所以他请我在他刚到任的前几个星期去协助他。

简单介绍一下三丽鸥公司：1960 年创立于日本，是一家打造卡通人物角色公司，最有名的就是 Hello Kitty。三丽鸥创造、销售其卡通人物，并通过各式各样的产品营销其卡通人物，从午餐盒、文具到餐厅和饭店。它以其近十亿美元的公司市值，和遍布世界大部分地区的办公室及产品，成为世界上内容最独特的授权媒体公司之一。

实习期间，我们所面对的主要问题相当多样化。尽管他最初被聘为营运长，负责管理美国营运，执行总裁和创办人家族实际上是将他视为拥有企业管理硕士资格的新一代经理人。因此，许多可行的新国际投资或构想都会指派给他。所以 Ray 从接受这个任务，到我加入三丽鸥的六十天里，他在旧金山办公室实际上只待了十天左右。在这期间，他曾飞到迪拜和中东商业集团讨论 Hello Kitty 度假，为未来媒体企划相关的合作，飞往洛杉矶和山缪·杰克森（Samuel Jackson）与华裔明星刘玉玲见面，还曾飞往德国视察欧洲营运状况。他该从何处着手呢？从头开始管理旧金山办公室。美国员工正等着和公司的新方向交流，急于了解新的领导人有什么法宝。他应该专注在欧洲市场？或者像印度、迪拜和俄罗斯这种新兴市场的发展？从广一点的层面来看，我们应该寻找加盟合作或授权？或者我们干脆大胆进入不同的行业？此时此刻，三丽鸥究竟要成为什么样的公司？

在 Ray 办公室五个小时的会议里，我们是以真实的哈佛商学院案例教学法，在白板上画出所面对的横跨三大洲的复杂问题，连文化考虑都还没有列入，两人就先默默往后退了一步。摆在他面前的任务委实令人却步，我们俩都感觉自己像初出茅庐的毛头小伙子，许多方面都超过自身的领域，然而未知感也是一种兴奋。

接下来几周，每天都有三四个小时会花在各种议题的脑力激荡上，例如：东京希望他考虑为我们在那里的游乐园改善收入，而且希望他下周飞过去时就能提出构想。作为哈佛商学院学生，我们会在白板上写出议题概要、内容和选择方案，进行讨论、辩论和争辩最好的可行方向，还往往开玩笑地提到这个领导与管理案例，或那个策略案子。他还真的把所有在哈佛商学院学的案例都摆在书架上，桌上也经常散置一堆案例。每天都会讨论策略、营运、人力资源、管理和商业发展新构想的我们俩，就许多方面而言是孤军奋斗的，不断试图厘清在接下来的几个月里，什么是公司和他优先该做的事。之前与之后，我都会进行市场研究、收集分析报告，以作为我们当天脑力激荡的助燃器，或总结我们的讨论，好让他回日本提出最终的报告。

就许多方面而言，我觉得自己就像在扮演值得信赖又知心的朋友，因为他负有重大责任，要将公司除旧布新，而公司潜在的阻力和传统的日本文化均对他不利。对我而言，每天收集资料、综合我以前只在哈佛商学院案例里读到的大范围管理议题和诊断，无一不是令我大开眼界的机会。原本以为这些要在很久以后，也就是毕业后的职业生涯中才会碰上的。

在这种环境里，而且可能是在任何哈佛商学院／企业管理硕士后高压力环境中工作的特性，这并不是个适合害羞和步调缓慢的人待的理想地方。每天有四个小时，Ray 会先在白板上写下所有的论点和行动方案，然后关上办公室的门，我们开始进行下一个策略计划，讨论过程高度保密。他会详详细细地把他想要做的，以及他的推论说明给我听，然后期待我对他的逻辑提出质疑，戳破他的推论。他常常会在描述时突然停下来，问我认为怎么样？我的论点是什么？提出论点、为论点辩护，立刻说服他。我们会以活力十足的飞快速度，争论和辩论四个小时，直到删掉所有列在上面的选项，对一个似乎是最有道理的决定达成共识为止。这是企业管理硕士最极致的训练，不是供你犹豫、结巴或看起来紧张及害怕的地方。他期待每个问题立刻能得到答案，每个挑战马上就能引来辩论，而你在眨眼间就要回答。这不是回答"我不知道"的地方。你永远不能回答"我不知道"，最起码回答"我会去找出答案"。这里就是那样的环境。而这一部分，这种兴奋，活生生出自哈佛商学院，我喜欢极了。

在经历这段过程时，我总是想着：下学期我乐于在课堂上发表这个意见，说出这个情况，终于能善用我们的工具，真的是太迷人了。财务、财务报告与掌控、技术与营运管理、市场营销、策略，全都开始派上用场了。

到了最后一周，Ray 邀请我毕业后过来这里上班，工作内容是他刚创设的全球策略营运小组的成员。在体验过实在是非常刺激和兴奋的四个星期后，我对这个提议相当感兴趣。尽管为 Hello Kitty 工作并非我原先预计自己于 2009 年毕业后所会从事的工作，但以我和他的关系、我们有幸能制定策略的企划范围，还有，单是三丽鸥正面临刺激但未知的转折点，就是无与伦比的诱人提议。那年暑假，我们每次讨论的话题都尽可能地多样化及大范围，像三丽鸥好莱坞电影，改善日本主题公园投资的方法，还有像是进入开发中市场，如印度和俄罗斯的最佳方法，是该和当地玩家合伙，释出独家代理权，或者在那里购买不动产，设立自有的供应链和店铺营运？

从文化和个人观点来看，我对在此工作一个月的经验，原本就充满了期待，因为刚好紧接在结束长岛 Polo Ralph Lauren 公司的实习工作之后。Polo Ralph Lauren 是一家以包装贩卖理想化的美国生活方式起家、十分传统的美国跨国公司，我在为他们工作七周，服务了生活如同 Polo Ralph Lauren 所推销生活方式的那些人之后，在三丽鸥发现了完全不同的动力。

在三丽鸥，我是和最高层的资深管理层一起工作，他们大多是日本人。其余六十多名员工则全是美国人，而我们经常面临的一个问题是：要如何处理两种文化之间的期待，减少隔阂。因为我的老板是位三十四岁、负责日本企业的营运长，而企业员工的平均年龄是四十八岁。在那里的几个星期就像是五个领导与管理案例啪嗒变成了一个。除了营运长,其余日本高级主管都是三十年前三丽鸥在美国开始营运时的那批日本人。依照日本文化,他们对他和我都很尊重也很有礼貌,视我们为公司改变方向的新生代,带进新鲜血液,张开双臂欢迎我们。然而,如美国员工一样,他们也担心 Ray 担任新经理人后可能带来的任何改变,做的任何决定,而办公室里任何的日常互动,往往显得小心谨慎。

这一点和日本人其他的微妙处也经常让我觉得疑惑:我该像其他日本人一样,把他当成日本老板吗? 包括在餐厅里帮他倒热茶,先帮他夹菜再夹给自己,这在美国,尤其是哈佛商学院,可能会被视为相当不必要的行为。但以他对我的了解,即我到目前为止,我有一半的人生都在亚洲度过,我应该表现得像个美国人吗? 或者我跟他该以美国朋友之道相处,在办公室里轻拍他的后背? 我究竟该待他像日本上司一样,凡事以他为先、以他为重,或者该待他如哈佛商学院的美国朋友? 如何平衡,尤其是在周遭经常有美国和日本同事同在的办公室里。这些问题一直在我的内心深处徘徊不去。

生活形态拼出最后一块拼图

这边记一下我个人的生活。在旧金山那一个月里,我在史丹佛大学分租了一个房间,和一名史丹佛学生同住在他们的研究生宿舍里。在申请企业管理硕士课程时,我同时申请了史丹佛和哈佛，所以虽然只有一个月，但我还是把这个经验当成生命中那些"假如"我真的有幸体会的时刻之一，细细品尝如果当初真的是在旧金山拿我的企业管理硕士学位，会是什么滋味。

"旧金山生活形态"是一个月中的另一个重要文化元素，在我抵达机场去取将要租用一个月的汽车时出现。令我大感惊讶的是，他们帮我从一般的廉价汽车免费升等到全新的福特野马。我之前从未开过跑车，已经习惯了波士顿与纽约壅塞狭窄的街道和快速道路，开着野马奔驰在旧金山快速道路上，变成这段短暂生活中最快乐的事情之一。对我而言，从东岸到西岸意味着剧烈的改变，也代表了习惯和心态上的重大改变，让我得以快速又自在地把我的工作或生活习惯，调整成比较轻松与悠闲的方式。

晚上与朋友在外消磨之后，我最喜欢做的事情之一，就是期待每隔几个晚上，独自开着车，驰骋在280号快速公路上。280号快速公路贯穿山间，沿着海岸迤逦前进，路旁有红杉木和著名的半月湾。白天，大家的轿车沿着海岸开，呈"之"字形在树林及山间行进的景象，正好提醒我品尝及享受这些单纯的时刻。晚上，路上仅有少数车辆，加上没有路灯，只有我自己的大灯和引擎结实的嗡嗡声伴随着黑暗，让我产生一股宁静的暖意和孤独感，有时还会对个人的渺小产生一种敬畏，并深知自己能够体验这些是多么幸运。

我最初的学车与开车经验都是在抵达哈佛之前，而且是开在更为壅塞和狭窄的亚洲道路上，一开就是六年。因此，沿着加州海岸线驰骋的这些夜晚，变成了最美好的文化提示，让我不忘自己的确身在美国。而这个夏天，在我离开校园象牙塔，永远地重返成人世界和成人工作场所之前，这也是我少年时代最后一个夏天，还是个不可思议的"美国夏天"。

最后，我认为是这些私人时间，加上看到 Polo Ralph Lauren 员工为孩子买产品的经验，让我思考、倾听和明白谦卑的重要性。或许有朝一日，如果我有幸能够登上某个管理层时，我肩上所要担负的责任。回到哈佛商学院后，这些教室外真实的生活经验和个案研究刚好成为我企管教育缺少的最后一块拼图，及时让我成为一个更加成熟、宽容和善于处世的企业经理人。

这个暑假开始时，我的心态是把它当成尝试某种全新事物的最后几个机会之一。和大多数进入银行业和顾问业的同学相反的是，我想尝试更有创意的行业。这不表示我只想进入这些行业，很单纯的想法是：如果现在不去体验，更待何时？ Polo Ralph Lauren 和三丽鸥公司提供的，正是我在寻找的多样化及独特的经验。而且我可以坦白地说，就因为那年夏天我有如此棒的经验，以至于在哈佛商学院第二学年开学的三天前，我在波士顿的罗根机场（Logan Airport）降落时，还真的有那么一点难过。

我在现实世界的三个月暑假假期，转眼间便结束了。哈佛商学院的生活即将再度展开。

第五章

理解成长：没有高压的狂欢，会失去狂欢的魅力

从踏进我的新寝室加勒廷馆（Gallatin）206室那一秒起，我的选修年开始了，那是2008年9月1日的凌晨。加勒廷馆在莫里斯馆隔壁，去年内部已彻底装修过，外部结构则和同样建于八十多年前的却斯馆（Chase）、莫里斯馆及其他宿舍大楼一模一样。在美国，古迹建筑会被保存得很好。建造过程中，工人们积极采取保护措施，外部任何小地方都保存得相当完善。至于内部，我很高兴一走进去就像是五星级饭店，二十一世纪最便利的设施应有尽有，大厅里有大型的自动感应吊灯，每当走进去，就会自动亮灯，一端有个大壁炉，旁边有好几张沙发，还有撞球台、钢琴、两台可看有线电视台和DVD的大型平面电视。每一层楼都有两间厨房、一台电冰箱和一家饭厅，住宿生每十人共享一间厨房。走廊有漂亮的灯饰，地毯清新干净，走在里面，根本无从想象这是一栋老建筑，在它的历史岁月中，有数千名企业管理硕士生，包括那些很久以前已经离开的学生，曾和我同样在这里待过。我们十分幸运，是加勒廷馆装修之后入住的第一批住宿生。

新宿舍，新生活

那一晚，我从机场乘出租车回来。Gina来帮我搬行李，我先去哈佛商学院警卫室领取进房的新密码。跟饭店一样，过完卡，

第五章
理解成长：没有高压的狂欢，会失去狂欢的魅力

输入三个密码，就可以进去了。

206室里面设计得像旅馆房间，进房左边是浴室，房间尽头有一张书桌，书桌对面是一张加大的双人床，床边有个茶几，对面则是座高级柜子，柜子旁的两扇钢门后，是一个长衣橱，漆成淡蓝色的墙壁上有两扇窗，从这里一眼就可以看到贝克草坪，甚至可以眺望查尔斯河。

每天早上阳光会照射进来叫我起床。起床后，看着外面绿油油的草坪，看得到学生走进教室，我觉得自己拥有哈佛商学院最漂亮的视野。我们有中央空调，可以随意调整室内的温度。房间的每样东西都很"环保"。如果感应不到任何人在室内活动，十五分钟内，灯光就会自动关闭；但是当我静静地在书桌前读书时，灯会反复开关，这令我很困扰。

如果我打开窗户，空调则会自动关闭。在莫里斯馆老宿舍狭小房间里的那种幽闭恐惧症一扫而空，我这个房间还算是这栋大楼最小的标准房间，已经有莫里斯馆房间的两三倍大。等几天后装好了电视、有线电台，加上暑假收到的礼物——微软的Xbox 360，一个学生所想要拥有的一切都在这里，在加勒廷馆206室里。跟莫里斯馆一样，这个房间包括了内务服务，每天早上九点左右，内务员进来清走垃圾，每五天他会进来清理地毯、浴室和掸清所有的灰尘，简直就是旅馆级的房间服务。

学校把什么都考虑到了。几个月后，我们开心地得知学校要在史班勒馆的地下室自动提款机旁装设DVD出租机。就像DVD出租店一样，许多新片任你挑选，只要隔天把片子塞回机

器里，一天只要一美元。以前我们常开玩笑说，如果可以的话，我希望永远不要离开学校。现在愿望实现了。即使我们想看一部新电影，真的，校园里连这都有。

来自这边的同学全部刚好住在同一栋大楼、同一个楼层又同边，这种概率并不大，我们却碰到了。Wayne 就住在我走廊正对面的最后一间，Gina 住在我右手边，再过去则是 Hyde。每当有亚洲同学聚会，这变得非常方便。也因此，我们有好几次在我或 Gina 房里聊到深夜，谈着未来、人际关系的处理，以及家人的期待所造成的压力，等等。这样聊天到深夜，配上睡前的一杯红酒，成为符合选修年，轻松平衡的生活形态中相当重要的形象。

轻松自在的二年级生

很快，我就发现选修年的生活比必修年轻松许多、舒适许多，主要是因为所有的科目都是选修，没有什么事情是被迫去做的。像我这种觉得会计和财务很难的学生，现在可以更积极地去修习感兴趣的营销和策略。课程也分成只有交期末报告或考期末测验的。传统的考虑是不要挑三科以上要交期末报告的课，因为仅是研究和十五页的报告就会要你的命。结果，我在选修年的第一学期里，选择的科目却都是要交报告的。我因为曾当过作家和记者，知道在期限内写完报告对我而言相当容易，我几乎总是第一个交期末报告的人。

除了哈佛商学院，我们现在也可以更深入发展我们和其他学校的关系。单从学生方面来说，我们更有时间参加波士顿亚洲的宴会或聚会，更频繁地跟其他学校的企业管理硕士生碰面。我们参加了波士顿大学的迎新宴会，和波士顿学院的学生喝点小酒，还有大约一个月一次和麻省理工学院史隆商学院的学生，在他们的公寓里举行晚餐会，哈佛商学院和史隆商学院所有一二年级学生会一起吃饭、喝酒、打牌，或只是聊聊天。

我这学期修的课有：哈佛商学院最有名的课程之一的"顾客营销"（Consumer Marketing），由学院里颇受爱戴、经常拥抱她所教的学生的某位教授来授课。在这堂课上，我们会分析全球有名的公司，如宜家（IKEA）和索尼（Sony）独特的营销活动。成功企业的创立与维运（Building and Sustaining a Successful Enterprise）教我们破坏性创新（Disruptive Innovation）的理论，改变我们对事业的看法。营运策略（Operations Strategy）检视有名的制造厂商，如通用汽车和波音的营运状况。全球策略管理（Global Strategic Management）则讨论几家主要跨国公司如何在不同国家、不同文化下管理公司。我个人还为 Ray 选了个"产业研究"的案例学分，为三丽鸥分析评估在世界各地建造大型游乐园的可行方案。

选修年的课堂气氛完全不一样，因为现在全是感兴趣的自选科目，所以在课堂上显得比较轻松也更有自信，不再有上课一定要说话的急迫感，也没有达不到标准的无力感。到目前为止，我们已经经历过两次期中考、两次期末考，我们知道在课堂上必须说几次话，我们的评论通常有多好，我们现在都已经进步到能迅速响应教授的冷酷点名,并捍卫自己的观点,现在已经很少看到三十只手举在空中争相向教授要求发言的画面。

修什么课程也影响到日常行事历。比如星期四和星期五,我到早上十点二十分才有课,而现在早上也没有学习小组讨论会,意思就是这两天我可以睡到早上九点半,也表明如果我需要的话,可以每天晚上都去参加宴会,凌晨两点回来睡觉。总之,所有在必修年的慌乱、疲倦和同侪竞争的压力,现在大部分都消失不见了。到了选修这一年,每个人都做他们想做的,说他们想说的,哈佛商学院现在成了完全不同的地方。

吧台男孩的故事

少了每天早上紧绷和强迫的会议后,学习小组动力也变得更加好玩和自在。在必修年快结束时,我们六个人立下一个惯例,在学校开学后的第一个周末和学期结束后的那个周末,我们就会聚在一起喝酒或吃早午餐。

开学第一周后,我们即利用星期日中午在葛拉芙顿餐厅(Grafton)碰面,这家餐厅提供相当棒的早午餐,大家就座后,我环顾一下,看到大家只是目光相对,相互微笑,都在等待别人说第一句话。几秒之后,我想还是我打开僵局好了。

"我不知道各位如何,"我开口说,"但是我很高兴必修年终于结束了,我经历的那些持续性的紧张和压力,简直比我最坏的想象来得更糟糕。"

"你的压力很大？"某个人回答说，"我还每几周就去看咨商师呢！"

"看咨商师？"另一个人反驳，"那算什么。刚开始的几个月，我恨透了我们被逼得太紧，也恨透了上课必须讲话，所以我跑去办公室问，如果我要退学，需要办哪些手续。"

对往日的那些事，我们全大笑以对，现在都过去了，我们一起举杯庆祝选修年的开始。然而你永远都不会知道去年我们是如何咬着牙根熬过来的，我们都太清楚自己要扮演什么角色，以及如何扮演。

回顾以往，到底什么样的故事最能总结选修年和必修年的不同？就是"亚洲人派对吧台男孩"的故事。

在选修年开学一个月后，哈佛商学院亚裔美国人社团（HBS Asian American Club）举办了一场大型派对，为新学年揭开了序幕。这个派对主要是为亚裔美国人举办的，地点就在波士顿市区的一家时髦的俱乐部里，相当盛大且成功，连其他学校企业管理硕士班的亚洲学生都出席了。当天我们包下了整个俱乐部，包括一楼的舞池，还有地下室的第二舞池。派对举行到一半时，我到地下室去看看，那里人少得多，大部分人都在闲聊，所以也安静得多。几分钟后，我走到吧台，在那里碰到一位必修年的新生，我笑着问他第一个月过得如何。

"很棒！很兴奋！课程好得不得了。"他笑容灿烂地回答我。我拍拍他的背，说请他喝一杯。在我们点饮料时，原本吧台附近的人陆续上楼去了，饮料送来，我付钱给酒保后，她转身去清理柜子，此时只剩我们两个人用彼此听得到的声音聊天。

我举杯喝第一口时，我看到他本能小心地看看他的左边，再看看他的右边，就好像要跨越马路一样谨慎，确定都没有人在我们附近之后，他靠过来，靠得很近，压低声音到近乎耳语的程度：

"我必须问问你，会有比较容易的一天吗？"

我放下酒杯看着他，给他一个温暖的微笑。

"喔，会的，不用担心，会好起来的。看看我们，选修年就简单得多。但我不打算欺骗你，必修年的第一学期最难熬，接下来的两个月会更糟，但是过了这段时间，日子就容易得多，不用担心，你可以的。不要听别人讲的，每个人都会觉得很紧绷、很紧张，只是大家都不敢承认罢了。"

他对我微微笑，点点头，好像得到了安慰，我也回报他微笑，像个大哥哥一样，尽管他大有可能年纪比我大。

"加油！"我说，"祝你第一年一切顺利成功，你会没事的。"

一年后，我毕业了，而他也结束他的必修年，到那时，他会好好的，不过在当时没人敢承认自己如此脆弱，我也是。

选修年与必修年另一个主要的不同是，你会开始觉得有义务强迫自己放慢脚步，从全心全意投入课堂和个案，转而欣赏看看哈佛商学院和波士顿所提供的一切。后来我又学会开船，拿到驾船执照，和几个好友在纽约市和波士顿等地方举办单身派对，有机会了解东岸夜生活的另一面。在选修年开学后的几个月，我和

Gina 一方面为了好玩，一方面为了运动，一起报名参加了为期八周的探戈舞蹈班。我们俩每星期三下午抽出一个小时，逃离极其忙碌的哈佛商学院生活，跑去学跳舞，之后在哈佛广场一起吃晚餐。仅这件简单的事，就意味选修年和必修年差异性的象征。

地狱周又来了

但是在好日子之后，紧接着而来的是另一波挑战，这在选修年也不例外。

就像似曾相识的画面，地狱周在亚裔美国人派对一个月后开始，唯一不同的是这一次的利害关系更高。这一次，我们是在找毕业后的真正工作。

在九月回到校园开始选修年后，班上大约有四分之一的同学，因为暑假实习工作做得太开心的缘故，决定要接受公司在他们实习最后一周所提供的职务。在那几周，学校的走廊上流传着这个同班同学决定到伦敦麦肯锡公司的经过，或另一位同学如何和香港高盛公司签下了合约。这还只是选修年开学后的几周，离毕业还有一整年。随着签约接受全世界各行各业大公司所提供的工作机会，后头还有签约奖金和学费偿还补助，许多在这几周内签下合约的同学就会拿到一到三万美元，对他们而言，哈佛商学院已经回报了首期投资款，现在他们只要回去好好享受选修年，等着毕业就好。

破圈

其他人的日子则照往常一样过，地狱周一接近，我们就又像去年一样，下午一下课就冲回宿舍，换上西装，再冲去参加公司说明会，准备并练习接下来的面试（在接受大型顾问公司面试前，一般企业管理硕士生大约会先练习个十五遍），晚上九点回到家，又要准备明天的案例，我们希望能熬得过二月的这个地狱周。

同样，地狱周期间，学校会停课一个礼拜，有好几百家公司会进到校园，附近饭店的房间被订得一空。跟去年一样，我们先将个人履历表在线传给公司，有幸获邀去面试的人，就在那家公司的空字段上签名。我那周有七个面试，大约是哈佛商学院的平均值，同时也很高兴地发现，经历过 Polo Ralph Lauren 和三丽鸥的暑假实习之后，我的面试机会增多了，我的履历表看起来也有趣许多。

整个周末，我们都是起个大早，穿出最体面的自己，拎起公文包，走到双树饭店（Double Tree）或查尔斯饭店的面试会场。每一家公司都有自己的一个房间，一轮到我们，我们就会搭上电梯到门外等候，经常会碰到想争取同一份工作的同班同学，那天真的有好几百位同学在各家饭店里。碰上排得没那么顺畅的行程表，事情就很折腾。比如说，恰好同一天有三个面试，只因为三家不同的公司在同一天抵达，却住在不同旅馆，我就碰上了这种事。早上六点醒来，穿好衣服出门赴八点面试，九点结束后，你可能拎着早餐边走边吃，在波士顿的酷寒天气下走到另一家饭店。到了之后，让自己镇定一下，准备十一点的面试，十二点半结束后，跳上一辆出租车，在车内吃一份三明治，抵达市区一家五星级饭店，参加一家大型顾问公司的面试，根本没有机会或时间去好好享受一下那些五星级饭店。

　　下午两到三点,考完一科笔试,接着去参加两场面试,四点半结束后走出来。到这时,你穿的西装有多昂贵,或穿哪个名牌的鞋子,这些都不重要了。你已经累得快要垮掉,回到床上就躺平了。因为整天都没有好好吃上一餐,你的胃正咕噜咕噜叫,但是很奇怪的是,明明这么累了,还是觉得恶心反胃。这些事情不断重复,日复一日,直到地狱周结束。好的一面是什么？在地狱周之后,我们每一个人在走进另一场面试时,不会再觉得紧张或怯场。等你从哈佛商学院毕业后,面试变得再稀松平常不过；不再令你害怕,不再令你感受到威胁或不好意思。这是企业管理硕士经验的一部分。

　　是的,哈佛商学院也与我们同在,到处都是哈佛商学院。每次一走进去面试饭店的大厅,在一楼就会看到许多标示指向主要的用餐大厅,学校已经租下几个用餐大厅,预订了几十张桌椅,让我们可以休息和放松。摆在中间提供各式各样饮料和咖啡的桌子上,稍早还提供早餐和糕点；午餐时间则会端出各式三明治,等到下午,吧台会免费提供补充精力的营养点心。许多就业办公室的职员穿梭在各桌间,询问我们面试的情况,问我们是否已经准备妥当,为我们打气,告诉我们一切会很顺利。这就好像亚洲国家的大学入学考试,家长会在那里全程陪考,度过漫长的一天。学校甚至提供来往饭店的接驳车,起初我们还觉得这既浪费又荒谬,但到了地狱周的第一个早上,等你穿好西装打好领带走出去,早晨的微风令人发冷。就在这时,看到巴士就在哈佛商学院停车场等着你,发现有人这么一大早就知道你将要经历的压力,而他就在一旁陪着你时,实在是倍感温馨。车程只要两分钟,走路则要花上十分钟,就连我要下车时,司机先生都会给我一个温暖的微笑说:"祝你好运。"就是这种时刻,我感谢老天,我身在哈佛商学院。

另一种生活形态

最后一次的面试之旅是十一月时前往旧金山,这也象征我的地狱周已进入尾声,同时提供了另一个外人一想起企业管理硕士生时,总会联想到搭机飞来飞去,一副阔绰生活形态的吉光片羽。

这场面试是接受旧金山市区一家商誉颇高且成长快速的精品顾问公司约谈。我一接获通知已经通过第一轮面试,并即将在旧金山进行最后一轮面试,第二天物流部主任打电话给我,敲定面试的约谈时间、班机时程,以及在加州住一晚的饭店。我会从波士顿搭早班飞机,傍晚时分抵达旧金山机场,晚上休息一下,准备隔天一整天的面试。之后,我可能满眼血丝地搭夜班飞机,在隔天一大早抵达波士顿。他告诉我那两天的所有开销,包括出租车费、饭店客房服务的费用,全部由公司支付。那两天的经验又让我回想起在瑞士银行上班的日子,花钱的时候根本不用去想与钱有关的问题。

从哈佛商学院到波士顿机场的出租车费是四十五美元,从旧金山国际机场到旧金山市区旅馆的出租车费用是六十美元。至于饭店呢？丽思卡尔顿（Ritz150 Carlton）饭店坐落在一栋古典的白色大理石大楼里，距离我面试的地点美国银行大厦（Bank of America Tower）只有一个街口，那大厦里还有许多知名的顾问公司和律师事务所的办公室。启程之前，我好奇地上了饭店网站，查它的房间价位，一个晚上大约五百美元。待我一走进饭店大厅，在侍者勤快地帮我提行李，赞叹其低调的奢华和典雅的建筑时，心里想着：现在我了解了，我知道一个人要习惯这种生活形态，这种生活标准是多么的容易。我从来没有要求过这种生活，这也不是我的必要条件。随着待过的每一家饭店，随着每趟花费全部由他人付账的旅行，我终于了解这些，这样的经验渐渐并缓慢成为我生活的基准，即使你并不希望自己这样子。那晚我快速算了一下，我很确定这家公司和饭店与航空公司一定有合作约定，但包括来回机票费、出租车费、丽思卡尔顿的用餐费和一晚住宿费，他们在我身上应该花费将近一千美元，而我甚至还不是他们的正式员工，我只是来应邀面试的。的确，大家一定很快就学会爱上这种生活方式。

隔天早上当我在旧金山这栋漂亮的办公大楼的三十二楼，等着六个小时的咨商面试时，我环顾四周，试着把所有细节都记下来。坐在我旁边沙发上的还有三位年轻专业人士，穿着光鲜亮丽，挂着轻松的笑容，却又保持警觉。我并不认识他们，但现在我已经可以光靠观察就认出一点：他们一定是企业管理硕士。短暂交谈之后，得知其中两位来自华盛顿商学院，一位来自史丹佛，都是企业管理硕士，我们正在竞争同一个位置，同样是最后一轮面试。我们彼此笑得有点尴尬，接下来一个个被请进去，我们还是祝彼此好运。

我再次从三十二楼的全景式观景窗望出去，从皮沙发这边的角度看出去的景致真是壮观。旧金山市中心的摩天大楼虽在远处，却尽收眼帘。旧金山湾看得更是清楚，海湾大桥仅隔几条街道之遥，大型帆船在蔚蓝天空下穿梭航行。

后来，我回头看剩下的两名企业管理硕士生，他们的脚尖轻敲着地板，急切地等候传唤。只不过在几周前，我是在和我哈佛的同学竞争。现在和他们一样，我们正在和全球最好的商学院竞争。这就是世界的面貌，美国企业公司的精英，国际金字塔顶端最顶尖的硕士研究生。再次看了紧张等候的他们一眼，在冷静的神情和轻松的微笑底下略带着紧绷。终于来到这里所付出的代价，只有我们自己知道。

一个月后，我在浏览最新一期的《GQ》杂志时，发现一篇文章写着，死前必须造访的世界五大旅馆。看到旧金山丽思卡尔顿饭店因它在文化和历史上均是重要据点，还有它的建筑历史与世界级的服务而名列其中时，你可以想象得到我的惊讶。哇！我想着，我真的住过那里，一本杂志直言真正世界级的饭店。真是够了，人生至此，夫复何求。

享受选修年，了解波士顿

选修年开学后一个月左右，事情开始定下来。我们清楚这些操练，预期会有压力，也都知道该如何应付。以前要花两个钟头准备的案例，现在最多只需要四十五分钟。随着大势已定，大部分同学和我开始享受哈佛商学院生活的其他方面。

首先，我们的焦点现在更加多元化。在必修年即将结束之际，Jennifer 被选为亚洲商业社的社长，她要我和另外两位同学担任举办哈佛亚洲商业年会的总召集人。这正是去年我遇到 Ray 时，他所担任的职位。哈佛商学院的社团绝不是我们大学时候那种样子的社团，需要每周来上课或每个周末举办聚餐，哈佛商学院的社团大部分都跟专业有关。例如当你加入亚洲商业社，你会定期收到从亚洲地区所传来有关演讲或工作职位空缺的电子邮件；我也是媒体社的成员，不但参加了纽约市之旅，也会收到媒体业相关的职缺消息或会议新闻。

从选修年的第一个学期开始，包括法学院和肯尼迪政治学院学生在内的大会筹备干部，大约每两周得碰一次面，以便筹办哈佛大学其中一场最大年会的亚洲商业会议。各个学院各组一支团队，这也是终于走出哈佛商学院防护罩的大好机会，在聚会的时候，我可以一窥哈佛法学院的校园，也会定期在甘乃迪学院各栋建筑里开会。

我们开始严格要求自己去健身房，当然会这样，毕竟这是哈佛商学院自我戒律的另一个例子。要是我进得来哈佛商学院，若是有一天我成为一位高级经理人，要是我穿着一套三千美元的西装走进会议室，那我看起来当然得体。有趣的是，随着我注意到的在选修年一切大势已定后，我会常常在夏德馆碰到更多同班同学，人同此心，心同此理，这就是哈佛商学院。既然学校课业都没有问题，训练良好了，之后当然要开始锻炼身体，每件事情都必须完美。

但是也有比较轻松的景象。首先是看到必修生慌乱紧张地在校园穿梭，完成必修小组讨论，看到他们认真准备他们的第一场期中考，每每让我们大笑。

我们没有忘记自己当初是如何痛苦，但就像军校生一样，我们都细细回味已经经历过这一切的滋味，现在这些新生也要经历我们经历过的苦痛，但如今我们都了解这是哈佛商学院经验的一部分。

现在时间比较多了，我们也可以发掘波士顿，学着欣赏过去一年这美丽城市所提供，却被我们所忽略的一切。如果你是个运动迷，那2008年是待在波士顿很棒的一年。身在波士顿的人都有义务喜欢塞尔蒂克队、热爱红袜队，都有义务讨厌湖人队和洋基队。与来访的朋友或同班同学去看球赛变成了周末最好的活动。偶尔我甚至会带着家乡来的朋友，在周三下课后去看红袜队比赛。在看完球赛、吃完晚餐之后，再回去研读案例，这种生活在几个月之前是连想都不敢想的事。

波士顿旅游专案

第一学期末，平均一个月会有一个朋友来拜访我，有些来自家乡，有些来自美国其他城市。他们大部分是我之前台大的同学，现在在美国各个不同的研究所读书。我现在比较有空，也比较了解这座城市，如果他们来访，我会邀请他们留下来陪我住几天。他们大多会同意我的看法而过来拜访。我的观点是，如果要在有生之年来一趟波士顿，就得趁我还是哈佛的学生的时候，我可以带他们去看我们所有的上课情况，去参观校内所有历史建筑物。

我开玩笑地告诉每个要来拜访我的人，我有一个整套的"Michelle 波士顿旅游项目"，可以迎合来哈佛和波士顿参观的人的需求，因为第一位过来找我的朋友就是 Michelle，所以之后的每次旅游都套用那次的经验。

这三到五天的旅游这样安排：到机场接他们，回到哈佛商学院校园吃晚餐。我们会在史班勒馆餐厅吃饭，走回宿舍时，我会慢慢解释会客厅、教室大楼、历史故事的每个细节。晚上，我们去 John Harvard's，这是哈佛最多人出入的酒吧之一，那里的自制啤酒最有名气。在周五晚上参观哈佛广场，因为大学生那晚都出去狂欢了，所以气氛悠闲又轻松，在天气不错的晚上，坐在外面或人行道上闲聊，就是美国大学城的最佳景象。

访客们也有安排他们住的地方。如果来访的是女性，Gina 会把她的房间借给我，自己去和她的朋友挤；如果来访的是男性，Wayne 也会做同样的事。因为有宿舍内务服务，所以这些客人真的像是住在免费的五星级饭店一样。隔天，我会带他们去上我们的课，将他们介绍给班上所有人，他们可以坐下来观察整天的课程。之后，我们会在哈佛的主校园区内散步，参观真正令人叹为观止的哈佛法律图书馆。最后坐在广场后方的长椅上吃自制冰淇淋。最后的两到三天，我们会去参观麻省理工学院、著名的波士顿自由步道，还有波士顿市区。旅程最精彩的部分是晚上去参观位在保德信大楼五十二层的 Top of the Hub（中心之顶）餐厅和 lounge。从五十二楼高的地方看出去，可以三百六十度尽览波士顿夜景，那里还有现场演奏的爵士酒吧，很棒的混合鸡尾酒和什锦甜点，从波士顿最高处餐厅看到的景象真是壮观。如果碰上哈佛商学院的宴会，通常会选在市区时髦夜店区包下整个俱乐部，我会介绍我的同学认识我的客人，让他们体验一下商学院学生狂欢，甚至是尽情喝酒的滋味。

到了第三四个客人来访的时候，我个人对这个哈佛商学院旅游项目颇为得意，因为我已确实知道人们一想到哈佛商学院时，心中就会浮现的想法，以及他们觉得必看的经典地点，类似于一个观光客到纽约市时，他们必看的时代广场，这是他们想到的第一件事。当外面的人还没踏上哈佛土地之前，他们会想到迷人的宴会、刺激的社交生活、热烈的课堂辩论、进入高档俱乐部和餐厅的资格，以及听内部人士介绍他眼中历史悠久的哈佛校园，而我只是努力确定这些预期都能获得满足。

然而，我知道这只对了一半。这是人们想要去相信的版本，是游客想要去看的表象，除此之外，可能会令人失望。这是电影版本，由受欢迎的偶像主演的青少年偶像剧，看起来似乎成功又有成就的人，走起路来好像生活中没有任何烦恼。好运和快乐来得总是特别容易，这只是企业管理硕士生活的表面，在深处有无数失眠的夜晚和焦虑的早上，有极度压力和绝望的时刻，以及不知怎的，没有达到标准时所引发的经常性苦恼；不知怎的，我们让班上的同学和老师失望；不知怎的，我们让家人失望；或者不知怎的，因为逼自己逼得不够紧，未能发挥自己到这里所有的潜能而令自己失望。这些很少在电视剧里演出的故事，却是进入哈佛商学院后每天所必须付出的代价。

决定加入三丽鸥

选修年开学后，我跟 Ray 保持每月一次的联络。学期中旬他回波士顿来出差，拨出几个小时回哈佛商学院。他飞抵之后，我们一起吃夜宵，然后散步到深夜，讨论产业研究的进度。在他走之前，我们谈了一下到他那里上班的可能。他问我如果要回三丽鸥，有什么关切与需求，都可以在他走之前白纸黑字写下来。

几个月后，我从 Ray 那里收到一封电子邮件，他说三丽鸥的旗舰店要在纽约时代广场重新开幕，这次他们改弦易辙，改为高阶店，命名三丽鸥精品（Sanrio Luxe），几周后将盛大开幕，邀请我一同参加。这家家族企业创立人的儿子，三丽鸥公司的第二号人物也将从日本过来，公司会解决我的机票和在时代广场饭店住一晚的费用。那时，他会将正式录用通知书交给我。

当我转过街角、走上旗舰店的那条街时，感觉惊喜不已，这才是货真价实的盛大开幕仪式。店前一条大红地毯一路铺开，前头有两名安保会询问宾客名单。我的名字列在其中，但是得挤过许多站在外头、吹着纽约初冬冷冽夜风的游客和路人，他们正好奇地往里面瞧，想知道这是什么样的派对。里面有一只会走路的超大型 Hello Kitty，一些名人、纽约市社交人士、无数的媒体和摄影师，相机闪光灯此起彼伏。角落里，有一排排的香槟酒杯，打扮光鲜的服务生端出一盘盘的开胃小菜。我跟从旧金山来的老同事打招呼，几分钟后，Ray 和从日本来的资深经理人走进来，和大家握手并向每一位道贺。这是我第一次见到三丽鸥的创办家族，也是首度被介绍给日本资深经理人。我很快就会在东京和他们再度见面。不过那晚我真的好兴奋，也是我第一次参加红地毯宴会。

几周之后，我和三丽鸥签下我毕业后正式上班的合约。在纽约市旗舰店开幕后的隔天，我们在旅馆吃早餐时，Ray 把合约交给我。经过几周深思熟虑，我签下合约，那时我考虑着是要到三丽鸥或另一家管理顾问公司，然而尽管我花了几周时间考虑，其实早在看到 Ray 给我的录用通知书那一秒钟，心底就知道我将加入他的团队。

原因很简单，管理顾问工作对哈佛商学院和其他企业管理硕士毕业生而言相当普通。很多企业管理硕士毕业生都是到世界各地的大型管理顾问公司上班，它们都是很大的公司，学习的机会很多，如果有香港、旧金山或伦敦的大型顾问公司请我上班，我也会乐于加入。

但是能够从商学院毕业，二十六岁就担任经理，在像三丽鸥这样的跨国性公司开创及领导一个专属的部门，和我在哈佛商学院学长的营运长一起工作，加上像 Ray 这种经验和背景的人，实在太罕见，是我绝对不能放过的机会，这种事情只可能在哈佛发生。在哈佛商学院毕业之后，能够领导、影响并且协助营运世上最大的生活形态品牌之一，也有可能带给全球数百万小孩正面的影响，听起来像是我们在哈佛商学院中研读四十岁经理人才会遇到的情况，而这样的机会在二十六岁就交到我的手中，真的是一生一次的机会，所以我接受了。

不再狂欢的年度舞会

从纽约回来几周后，我们又要举办一年一度的舞会了，这可是哈佛商学院生活的大事。每天周旋在这些案例、报告、社交活动、纽约出差、旧金山面试之间，突然听到刺耳的刹车声，才会惊觉到时间怎么过得这么快。你只顾着忙得不可开交，气喘吁吁地追赶着，以至于无法注意到这些，结果就这么突然到来了。

但是，这一次的年度舞会不一样。今年是在喜来登饭店 (Sheraton) 举办。一样的程序，同班同学之前在高档餐厅用晚餐，亮出学生证，进入旅馆内封闭的楼层，里头有舞池和开放式吧台，只是这次我班上只有三分之一的同学出席，大部分人都穿着简单的西服，有些甚至连领带都没系。进入舞池时，也不是真的想要跳舞，大部分只是跟班上同学聊天，问一些最近的面试情况。大部分的尖叫声和笑声都是穿着正式、喝得烂醉的必修生发出来的。等我离开主要舞池，准备离开时，看到 Cathy 和 Wayne 在大厅划中式酒拳，还远远看到 Gina 在饭店的圣诞树旁休息跟同学拍照。许多选修生都提前离席。我走过去，悄悄坐在 Gina 旁边，我们看了彼此一眼，笑一笑，然后我起身叫 Wayne 和 Cathy，大家共乘一辆出租车回去。没人真的喝醉，每个人都冷静又清醒。

其实，狂欢舞会是必修生的事，在哈佛头几个月的期间，跟上同班同学那种课堂内的剧烈压力和急迫感，所以放松强度也相对增加。对那些精疲力尽的必修生而言，在那里豪饮是很重要的放松方式，就像去年的我们一样，但今年我们已经是选修生，没有高强度的压力和持续的紧绷，狂欢舞会就失去它的魅力了。

那晚我们都回到学校，并且早早上床睡觉。

成长的一部分

我在哈佛商学院最后一个寒假又回到台湾，那几乎已成期待中的事，我大概会待两个礼拜。如果时间允许，我会去帮忙那两场哈佛商学院的说明会。

今年我只有在晶华酒店为一般大众举办的那一场期间在台湾，今年的校友主代表是 Angela，台湾娇生公司总经理。去年参加的校友大部分都在忙，不能参加，所以去吃晚餐的人，大部分都是"年轻的孩子们"，不是刚毕业，就是目前还在上学。像去年一样，我经常应这些说明会参与者之邀，出去吃午餐或晚餐，那些我完全不认识的陌生人，对于申请到商学院却有足够的渴望与热情，总是希望我能够解释得更详细，提供更多的个人建议。有些人甚至去年就参加了，今年回来跟我说声嗨和道谢，隔天约吃午餐聚在一起聊聊近况。我一向很喜欢和这些陌生人共进午餐及聚在一起，这对我来说是一种回馈的方式，过去两年我也接受过无数次他人对我慷慨的付出，我今天才能坐在这里与大家分享，所以这是传承下去的方式。以前，我也以陌生人的身份向他人求助，坐我对面的人会给我建议、给我时间，有些还跟我保持联络，从不要求回馈，只希望那会让我顺利一些。至少目前我可以做的，是用同样的方式回馈其他人。这方式可以宽慰我的罪恶感，可以稍缓我常常在想当初怎么到这里来的疑虑。

然而我也怀疑整个活动是否徒劳无功？我是否只是想要掩盖其他的虚荣行动？依照传统，我以前的社团在我回来的期间为我举办派对。我已经毕业三年半，离我当社长的时间也已经六年了，因此当我走进他们订下一整晚的餐厅时，发现有五六十人之多，但许多是我从来都没见过的新成员。他们是在我毕业很久后才考进台大，加入这个社团，只听过我的名字，却没见过我的人。但我的核心团队还在，就是这些"老社员"家族在好几年前一起创立了这个社团，从台大最小的社团，变成校园内最大也几乎是最杰出的社团之一。

这是个盛大的派对，几乎在台湾的每个成员都到了，有将近八代的社员出席。我们先吃晚餐、玩游戏、自我介绍后，又到lounge 续摊，稍后Gina 和一些哈佛商学院同学也过来加入进来。我社团里的小女生们非常喜欢Gina 这位超级模范生，她是读哈佛商学院的"大姐姐"，在加拿大念过书，毕业于日本顶尖大学，还在中国管理过一家工厂。她的嗜好是骑重型摩托车，举止优雅又善于表达，小女生都用崇拜的眼光看她。对我而言，这是我在台湾停留时最精彩的一段。我回来了，被一群我所草创的社团成员，被我爱的人与我最信任的团队所包围。

几天后,我再次发现自己在打包,短短的假期结束了。我预定隔天回波士顿完成最后一学期的学业,于是打电话跟老朋友道别,包括一些有参加这次聚会的人。当我兴奋地重述当晚的趣事,还有和谁见面的开心时刻,不知为什么,我感觉得到那头的声音并非那么热切。

"怎么了?"我问他。"没什么。"他回答,"只是我跟一些老社员聊天时,聊到我们有相同的感受,回去参加社团聚会,感觉不再一样了。"现在每当我们回去,真的感觉自己突然间到了一个年纪,在人生中这个阶段,其他人总会偷偷衡量你,看你现在是在哪里上班,到目前为止有多少成就。对这些聚会,我有种复杂的感觉,因为我总是带着压力感离开。某些人已经是检察官、律师、哈佛学生、哥伦比亚或纽约大学的学生。现在你已经在开始思考和讨论模拟联合国基金会,这样的感觉只会持续不断。这并不是谁的错,但这也不表示有些人不会有这种感觉。

听到这件事我很惊讶,过去几个月当中,我开始从别人那里听到类似的反应。但这些是老朋友,没想到这里会有同样的反应。我可以说什么呢? 我觉得这个时候响应任何话,诸如"还好啦,谁会在意这些事"或"你真的想太多了,放轻松"这类的话,听起来空洞无益。

如果一个带给他们压力和复杂情绪的人,这时候告诉他们放轻松,不要想太多,听起来着实令人怀疑,肤浅且又没诚意。

回顾以往,像他们一样,我也有点不确定自己的感受,也不确定未来碰上像这样的情况时,应该如何响应,不确定自己心里会怀有多深的罪恶感。或许，想太多的人是我自己，跟哈佛、哥伦比亚、纽约大学无关，也跟某个人当律师无关，只是我太以自我为中心，把自己当作那个背十字架的人。但是，我不能否认那样的反应会经常发生，而我，对这种事要再更敏感、更警觉一些。

我只能承认这是成长过程的一部分。

只会发生在哈佛商学院的事

为选修年第一学期画上句号的最后一个活动是东京三日游，我原本预计十二月底要去印度，参加哈佛商学院的印度洗礼，那是和哈佛商学院同学与教授的印度十天行，拜访印度几个城市，跟政界人物及商界各行业领袖见面，主要是深度了解任何印度可能存在的商机，学校会补助我们一半的经费。

然而，这时间点印度正好发生多起恐怖炸弹攻击事件，我们要下榻的饭店十二月初也遭到炸弹攻击，所以全部行程都延后了，那本来是我的第一次印度之旅。

十二月我回台湾，Ray 打电话给我，他提议说，如果我不去印度，何不来趟短暂的东京之旅，看看三丽鸥总部？ 在夏天上班之前，那有助于我更详尽及全面地了解公司风貌。

我和朋友去过日本，但都是去旅游。这趟旅程是完全不同的体验。在那里的三天，我们看了东京好多家三丽鸥店面，就在我二十六岁生日那一天和公司创始人家族一同吃晚餐，他们甚至捧出蛋糕蜡烛，唱生日快乐歌，我们拜访了三丽鸥彩虹乐园（Puroland），这次和我以前的游日经验真是大不相同。

因为Ray在公司担任营运长的关系，我受到的接待方式完全不一样。第一次去办公室时，Ray提到会介绍办公室每一位同仁给我认识。总部位于一栋现代化办公大楼的十二到二十层。我们真的从十二层走出来，进入每个主要部门，大部分员工一看到Ray，马上就站起来鞠躬，边听他介绍我。整整三个小时，我们就从这部门走到那部门，从这层楼到那层楼，Ray不辞辛劳地用我听不懂的日文，把我介绍给过来向我致意、交换名片的人。我们去彩虹乐园也是一样，在那里一天的行程中，总部派一名经理陪同我走过整个乐园。在办公室和乐园的期间，当Ray介绍我给大家认识，每个人都起身殷勤向我鞠躬时，我真的想知道，是我在生命中的哪一刻所下的决定，导致今日这样的结果？这是个完全不同的世界，这次是从内部和高层来看日本。

最后一天，我们去拜访东京的门市，Ray看看他的手表，说我们还有一点时间，可以顺道去拜访他的母亲。我们跳进一辆出租车，他简单地说：鸠山邸。鸠山大厦位于一座山丘上，是全东京最大的房子，是他曾祖父担任首相时住的地方，Ray的亲戚现在还住在盖在大厦后头的其中一栋房子。在拥挤的东京，在这么繁忙的市区里，居然有六栋房子伫立在这山丘上，我们和他母亲短暂会面，然后参观那栋已经变成博物馆的大厦。

当我们走出这个车道，回到忙碌热闹的东京街头时，我不得不再一次这么想：这种故事真的只有在哈佛学生才会发生。

第六章

独自承担：一切优越皆有代价，压力要学会独自承担

破圈

在课程上，哈佛商学院最后一学期和之前的学期差不多。我们每天还是有二三个案例，期中考和期末考间的大小测验，还有和二三个同学一起做的期末团体报告。九百位同学中，或许有一半或将近一半，自从第一天开始就在找工作。那意味着对大部分人来说，在上课和准备案例之余，还要参加公司说明会、首轮和最后一轮的面试，希望最终拿到一份工作，并好好享受最后几个月的学校生活。

除此之外，有一种轻松的感觉。最后，我们确定迟早会找到工作，而此刻最重要的是，享受我们作为哈佛商学院学生最后一个学期的日子。

至于我的最后一个学期，我选了零售业、企业策略、创意行业之策略营销（这堂课经常会有电影明星和一流电影公司的总裁亲自来授课）、国际创业家，还有在中国经商，这堂课的授课老师是举世公认最著名的哈佛学者之一，教的是现代中国经济发展。此外，我继续帮 Ray 做一份产业研究企划，这次和 Emmanuel 合作，共同协助分析，目标是哪个国际市场的未来成长最具有潜力。我们花了许多时间在图书馆，深入分析许多数据，最后把它们组合成一份有图表和曲线的 PowerPoint 档案给 Ray。就像上学期一样，终于从必修课程的限制中解脱，终于可以选择和参与我真正有兴趣的课程，我非常喜欢最后一个学期的学生生活，喜欢在哈佛商学院准备案例。

哈佛亚洲商业会议

经过几个月的准备之后,我个人第二个学期最重要的事,也就是今年我担任总召集人的哈佛亚洲商业会议终于到来。

全体六百多位学生,以及从世界各地获邀出席的商界领袖参加了2009年哈佛亚洲商业会议。从亚洲各地飞来的大型代表团,尤其是来自中国各大学的学生及人员代表团,让这会议所体现出来的,绝对不只是一场区域性的商业议题而已。就整体来说,今年实在不是主办会议的好年。以过去几个月海外市场的表现,外来的赞助还不到去年的三分之一,而且无论是地方或国际的旅游活动,都处于最糟糕的时刻,许多会议被迫缩小规模或减少预算。对于亚洲商业会议来说,这场年会有三个学院各三个总召集人,共计九个总召集人,由哈佛商学院、肯尼迪政治学院及法学院共约五十名学生主办。会议第一天就和情人节的四天长周末撞期,让情况更是雪上加霜。但不管如何,会议开始的那天,尽管有这许多外在因素,看到那么多人出席,加上演讲者的素质,我们都松了一口气,而且高兴起来。这显示现在全球对亚洲的兴趣持续增加,亚洲在世界上也会扮演日益重要的角色。今年的会议主题是"全新世界里的亚洲",我们认为这个主题很合适,鉴于最近卷入全球市场的事件之故,使得亚洲商业社群挣扎着寻找他们新找到的角色和方向感。值得注意的重要演讲包括:SK电信(SK Telecom)执行副总裁暨韩国工业联合法人伦理执行委员会(Executive Committee on Corporate Ethics of the

Federation of Korean Industries）主席 Nam Young Chan、国际货币基金会（IMF）副总裁暨主掌日本海外事务的前财务部副部长加藤隆俊（Takatoshi Kato）、花旗集团副总裁暨克林顿总统时期主掌国际事务的前美国财政部次长杰弗里·谢佛（Jeffrey Shafer）、哈佛大学魏德海中心（Weatherhead Center）及赖世和学院（Reischauer Institute）美日关系计划研究员暨日本新生银行（Shinsei Bank）前董事长及执行总裁泰瑞·波提（Thierry Porte）。

大部分会议不同的是，亚洲商业会议为期两天，而且供应出席人员三餐，可自由参加第一个晚上在查尔斯饭店的正式鸡尾酒会，与当天演讲人士见面并讨论议题，或者只是和与会伙伴社交一番。今年出席鸡尾酒会的人数创三百多人新高。之后，会员可以选择留下来登记五十个空位，参加在查尔斯饭店大厅和受邀演讲人员及他们的宾客一起共享晚餐。

今年的会议焦点是亚洲在目前世界形势中的状况。过去一年，世人可见许多由不可预料的经济、政治和社会力量所引导的新发展。面对目前全球金融危机、美国最近历史性的总统大选、环境永续经营的持续辩论，还有再度令人忧心的国家安全和区域稳定，又一次地提醒着我们，目前存在这个世界上的种种活力和脆弱。在这个持续性变化的全新世界里，会议试着依循几个关键点去检视亚洲，从持续的经济发展到外交政策的彻底改变。会议十四个专题讨论小组从资本市场、消费者与零售、活力和环境到国际商业仲裁，确保对于亚洲商业事务感兴趣的人能有个面面俱到的讨论范围。

对许多出席的亚洲人而言,飞行二十五个小时,去参加一场在美国东岸举办,关于我家乡地区和公司的商业会议,但台上那些演讲的执行总裁和副总裁来自我家乡两小时车程外的企业,最初听起来可能会显得有些可笑。然而,对许多参加会议的人来说,其意义远大于只不过是一所学校举办的另一场与亚洲相关的会议。第一个现象发生在早到的出席人员已经抵达的周五下午,这是他们首度有门路来哈佛商学院校园,问哈佛商学院学生要如何前往办理登记的史班勒馆梅雷迪思室(Meredith),还有要怎么前往奥德里奇馆12室。

这些人并非两三个毫无目的在校园中闲晃、在贝克图书馆前寻找最佳拍照机会的观光客,他们当中许多人是由大学教授带领,细心研究建筑物、史班勒馆里的壁炉、奥德里奇馆内最新通告的平面屏幕。没错,对这些老远飞来的外国宾客来说,他们确实是来参加亚洲商业会议。除此之外,他们也是来参加一场有关哈佛商学院经验的实地研究,了解是什么造就了哈佛商学院。在奥德里奇馆教室里听小组专题讨论时,体验哈佛商学院学生的生活方式;并和演讲人士及会议主席一起参与案例般的讨论,这些各具身份的演讲人士及会议主席,大部分都是现任哈佛商学院教职员。

在两天的会期里,我们这些主办人员穿梭在各说明会间,确定下一个专题讨论小组顺利组成,下一批演讲人士已经抵达,他们的 PowerPoint 报告也已上传。这时经常可以看见的景象是:哈佛商学院的主办中国同学被团团包围住,许多中国学生代表团热切地询问哈佛商学院学生的生活,还有他或她拥有什么样的特殊背景，才得以进来。无数来自北美洲其他商学院的学生在讨论会结束后，还围绕专题讨论人员半个多小时，很开心的，唯有在哈佛，他们才能见到这些之前只能在杂志上看到的商界领袖。而最具象征意义的或许是，每年都有外国大学教职员带着学生代表团前来，在听了有关哈佛校园细微差别处的细心解释后，毫无疑问，他们会思考回到家乡、回到他们的学校后可以改善的地方和事物，期待凭着自身的条件，成为未来的领导人。

这些观察提醒我们，不要忘记有幸以永远的家庭成员，而非临时宾客的身份实际体验在哈佛的意义；它提醒我们，在忙乱和有时妄自尊大的行程里经常会忽略的：我们享受的资源和机会并不普通，应该要珍惜。对许多由外往里看的人而言，像一名学生坐在奥德里奇馆12室往外看时，世界确实是个不可思议的地方。

一个哈佛大学生的故事

第二年也是回馈年。我第一次见到 Adina 是在选修年的第一个学期，我们初识时，她是哈佛大学四年级生，有着邻家女孩的味道，很有礼貌、很聪明、很漂亮。十一月下旬，某位哈佛商学院同学介绍她跟我联络，因为那时她已经为毕业后找了好几个月的工作，运气并不怎么样，同时也在考虑向 Polo Ralph Lauren 求职。她写了封电子邮件给我，问我是否可以和她见个面、喝杯咖啡，如果她对 Polo Ralph Lauren 的工作有兴趣，我是否可以给她一些指点和提示。

我们约好某个周六傍晚在哈佛广场附近的 Peet's coffee 见面，因为店里人很多，所以我们决定沿着查尔斯河走走，自我介绍，听听她的故事和背景，看看是否有我能帮得上忙的地方。

她把个人履历给我看，我可以帮她改的地方不多。坦白讲，她的履历没什么问题，一切都很完美。她是完美的哈佛模范学生，有完美的高中 4.0 GPA（平均分数），数学社的社长；进哈佛后，维持 3.9 的 GPA，参加许多社团担任干部，做志愿者，而且她从大一暑假开始，就在避险基金和创投公司实习。

她做了每件哈佛大学生该做的事：她提早准备，功课一定会准备好，认真过生活。然而从大四这一年开始，经过几个月的求职，也寄出个人履历表后，得到的面试机会还是很少，还不是工作机会，只是面试，就连面试机会都相当少。在我看来，如果她真的想要应征精品品牌或 Polo Ralph Lauren，有几个字和句子她可以修改或强调，反映她对流行时尚的兴趣。以她现在的简历来看，太过普通了，我提议协助她修改，也问她认为造成自己目前处境的主要原因是什么。

这时我们正走过哈佛商学院校园，天色渐暗，太阳已经下山，只剩下最后微微的亮光，我注视着她，听她讲话。

"真的好不公平！每一个和我谈的人总是说，哦，你是哈佛的，你应该很容易找到工作，经济衰退对你们这些好学校毕业的好学生应该没有影响。可这并不是事实！"

我在黑暗中咯咯笑了起来。经历过去年夏天找暑期实习工作的招募过程，感受过同样的沮丧，我完全理解她当下的感受。

"那么多哈佛学生竞逐同样几个顶尖的工作，如果你像我一样，仍然不确定哪家公司的哪个职位是你想要的，你还是考虑得太晚、太松懈，也太没有焦点了。"

在我们慢慢走过哈佛商学院黑色的阴影处时，我仔细咀嚼她说话时自然流露出的所有感情，明白我所看到的是一个觉得受骗的女孩。我们哈佛商学院的某些人也有同样的感觉。大家都说要拿好成绩，她一辈子都这么做。然后大家说进哈佛，她就真的申请进了哈佛。在哈佛时，记得要维持 GPA 高分，参加志愿者服务，以显示你对校外世界的怜悯心，同时要参加社团，确认你证明了你对自己的人生有目标和野心，她都做了。然而到了最后，如果因为和你完全无关的原因，是你完全无法掌控的方式，经济突然变坏，你还是找不到工作，这时只剩下纳闷，我究竟哪里做错了？Adina 是个好女孩，教养很好，彬彬有礼。就许多方面而言，或许有些被保护过度，对世界的严酷现实有点太过天真。而这几个月，是她这辈子头一次碰到事情没能如计划进行，没有因为她一切照规则来玩，就保证有快乐的结局。在 2008 年和 2009 年，这是许多哈佛人刚开始学习的课程。

"只有我们，在哈佛墙内的学生真正了解身为哈佛学生是种什么样的感觉。"

她若有所思地轻声说下去："外人真的不了解那种感觉，肩上扛着父母亲、社会、周遭每个人的期待，期待你成为特别的人，完成特别的事，最后我们却连一份工作都找不到。当我们试着找人分担这些感觉时，每个人听了都只是大笑，完全不理解你。他们只会再次说，你是哈佛人。他们认为对你来说，生活中的一切都是很容易的，你的人生一定很顺遂！有时候真的很不公平。"

是啊，确实很不公平。这是我踏进哈佛商学院不久便得知的事实，也很快了解到那是我们进入这所学校所付出的代价，后来更学会及明白那是可以接受的。很快，或许不是现在，Adina也会渐渐明白，这个她刚开始了解的代价是必须付出的，也可以接受。

之后在选修年间，我大约每个月会和Adina见一次面。我们通常会在哈佛附近的酒吧或lounge小酌。她每隔几个星期会发电子邮件给我，告诉我她最近面试的情况，有时候也会请我协助她准备这些面试。有时候，我会给她我从哈佛商学院校友数据库里搜寻到的客户和熟人数据。最后，她终于在毕业之前几个月找到一份工作，是一家位于纽约市的金融服务公司。在我们俩毕业前几天，我们还在当地一家餐厅喝酒庆祝。那时她已经很好，我也很好。我们在那最后一夜互相拥抱，然后各奔前程，奔向不同城镇里的不同事业生涯。

不可思议的2009年

在世界各地的企业管理硕士生史上，尤其是对即将毕业的哈佛商学院学生来说，2009年夏天是不可思议的一年。随着经济衰退和那么多金融机构破产，加上有些哈佛商学院校友也卷入丑闻或辞职，看起来世人似乎厌倦于听到另一名哈佛商学院学生带着每年数百万的分红和津贴，从金融混乱当中安然脱身。

平均来说，景气的时候，每名哈佛学生到了毕业时可以预期有三份职位等着他，基本年薪大约是十万美元。

今年不同，招募员工的公司不多，而我大部分原先考虑留在美国找工作的各国同学，纷纷回到自己的家乡，无法确保一份具体的工作机会。在九百名毕业生当中，有许多来哈佛商学院就读之前，都出身于一流的顾问公司或银行，原雇主欢迎他们在哈佛商学院毕业之后回去，而这些人在厌倦了寻找同样少数的替代选择后，也就回国去了。二月时，学校就业办公室甚至发了一封电子邮件给我们，解释今年情况真的很不一样，如果手边已经有了工作，就应该要考虑签约。今年，我们不能要求比基本薪资更高的薪水，不能要求更多津贴，或期待会有更多的工作机会。

危机的影响在哈佛商学院显而易见。许多同学曾提过在离开哈佛商学院后，就要冒险创业的最初目标。随着经济衰退，融资比较困难，整体风险也高出许多，因此，取而代之，在一家大型稳定的公司里找份好的经理人工作，似乎是比较明智的方法。今年，几乎每个人都成了规避风险的人，许多同学之前有意愿尝试如电影制作、时尚和高科技创业等风险性较高的行业，到了最后，还是选择回到他们原本在麦肯锡担任的顾问工作。如果你只想在某个行业里找工作，或如果你一定要在创投或私募股权公司，或你一定要在媒体制作公司而不接受其他工作，那就不保证毕业那天会有人聘用你。今年无法控制的可变因素实在太多了，即使对哈佛商学院学生而言，也是如此。

对哈佛商学院学生而言，2009年是不可思议的一年，因为在我们一百零一年的历史里（我们在2008年刚刚庆祝百年校庆），由于之前校友重视个人利益、罔顾社会利益而引起的金融风暴，我们是第一班在毕业那天可以选择是否要参加特殊仪式的学生。在仪式中，我们起立举起手，庄严地宣读一项誓词，发誓身为哈佛商学院毕业生，我们不会在进入职场时，置个人利益于社会利益之前。这桩新闻特别刊载于《纽约时报》和许多份发行全世界的刊物上，在他们看来，这是个象征，象征在这种时刻，即使是历史辉煌的商学院也知道他们的新定位，知道他们在众人眼中是该修正改进的时候了，是试着找回我们过去几年挥霍掉的信任和信用的时候了。当我站在博登礼堂前面几排，回头看着我身后几百位同学全体起立，手臂往前举起，大声重复这段我们发誓要坚持的誓词时，不禁想到：对哈佛商学院来说，2009年真是不可思议的一年。

消失的青春

哈佛商学院的最后几周全是和朋友一起度过的有趣回忆。我许多朋友和同班同学这时都在计划结婚，还有几对已婚夫妻正期待着第一个孩子的诞生。仅是在四月，我就在两周内连续参加了两场单身派对，还主办了其中一场。在哈佛商学院生涯接近尾声时，突然间生活不再全是案例、学习小组或拿一级分。真实的世界越来越近了，我们就只是珍惜任何在一起的最后时光。在许多个夜里，我们真的享受电影里描述的那种令人向往的哈佛生活：下午驾帆船，和同班同学到不错的餐厅吃晚餐，接着在 lounge 和俱乐部欢宴，庆祝某人订婚，半夜还在吃韩国烤肉，早起，在一个小时里读完我们的案例，按时跑去上课，与同学论战，好像我们整晚都在读书似的。在将近两年后，我们终于得以过着说到"哈佛"和"波士顿"时，外人会想到的那种景象。

最后几周的课程里，我几个同班同学在哈佛广场附近的一家墨西哥餐厅里碰面，论过去两年的所有变化，令大家感到震惊的是，仅我们班就有近二十对订婚或结婚。二十对！

我个人还满讨厌这种时刻的。我不喜欢听到某位同班同学刚刚订了婚的过程，某位同班同学又怎样在等着她交往很久的男友求婚，还有在派对里，我的同学 Le 带着他两岁大的女儿，一看到我，他就要女儿叫我 Joey 叔叔。身为家中的独生子，从未真正和其他孩子一起长大，我这辈子大半时候连 Joey 哥哥都没被人叫过，现在突然间，我变成了 Joey 叔叔？ 我不喜欢这种时刻，身为哈佛商学院年纪最小的学生之一，他们经常提醒我和他们在一起所必须付出的个人代价：我青春时代的消失。耳濡目染两年的哈佛商学院经验后，到最后经常很容易就忘记大部分同学比我大四到七岁。到毕业时，那几年有着天壤之别的差异。比起别人在三十或三十二岁毕业，而自己二十六岁就拥有哈佛商学院企管硕士，人生是在完全不同的阶段。我感觉年轻，终于完成教育，急着要展开我的职业生涯，看看这个世界。我希望每隔几个月就会碰上不同事物的挑战，每隔几星期旅游一次，不要想到婚姻、孩子或任何形式的家庭责任。

然而我大部分同学正好相反。拿到企管硕士学位后，他们想要安定下来，想转换跑道，找一份不需要经常出差又高薪的工作，或许一两年内有孩子。

我不喜欢听到我的同班同学讨论他们要如何安排婚礼，然后问我打算什么时候安定下来。如果他们从来没有问我，要是我身边的每个人都没有那么急着跳入婚姻里，升格为父母，那么我就可以继续维持我的心态，这些责任离我还有好几年之远，我可以想跑多远就跑多远。这种时候让我想到，我的二十几岁人生怎么了？虽然我只在哈佛商学院两年，但在许多方面，我现在感觉在生理和心理上，自己都年长了好几岁，而我同学正在经历这些人生的抉择，还有对我的间接影响，强迫我更快速地成长。年纪轻，感觉被困住了，对人生毫无把握，漫无目地四处徘徊，兼做一些狂野事、惹些麻烦的那几年时光呢？怎么才几年的时间，我就从年轻的大学生，变成了身边不断环绕着婚姻和家庭责任，还有安定下来的压力，以及放弃自由的人？

帆船上的思绪

我一直很想学驾帆船和开飞机。在旧金山实习的那个暑假，我曾注意到离三丽鸥办公室仅几公里处，就有一个小机场，可以在那里上个人课程。我有几个同班同学拥有个人飞行员执照。如果人生真正毫无遗憾地活着，至少尝试着去追寻所有个人梦想的话，那么在我到旧金山上班后，会试着去拿我的飞行员执照。

不过那还有好几个月，由于我仍在波士顿，所以在毕业之前，我想要学习如何驾帆船。

为什么是驾帆船呢？ 其实很简单。对包括我自己在内的许多人来说，一想到哈佛，想到常春藤学校的古老传统，脑子里先浮出的影像之一就是划船、驾帆船，尤其是约翰·肯尼迪驾着他家帆船的影像。如果我确定在几个月后会离开哈佛和波士顿，那么我几乎是对自己发誓，在离开之前一定要学会驾帆船，对吧？我心想人生就是累积经验，但愿长久下来，好的经验可以累积得比坏的多，但愿驾帆船是好经验之一。

我第一堂驾帆船课是四月时和 Anuroop 以及 Hide 一起去上的。我事前做过许多研究，马上就发现在波士顿所有帆船学校当中，有一家船屋是非营利的，任何想学的人都可以加入，申请成为会员，上一些课，通过一项口头测验和一项帆船装配（装备）考试后，就可以拿到新手驾船执照。因为是非营利的，费用相当便宜，可以根据驾技水平无限制使用教练、课程和任何你想驶出去的船。第一周，我们三个人每周去两三次，十分执着于要拿到帆船执照，每上完一节课就立刻去考试。总共五个小时，我们通过所有考试，拿到了执照，并分别驾着我们的第一艘帆船前往查尔斯河。我想在这个例子里，哈佛商学院学生都很积极的刻板印象的确是个事实。

第一堂课是驾驶帆船的基本口头介绍。第二堂课是大家集合，其中一名义工（在那里工作的每个人都是义工）会在九十分钟的课程里，详细描述装配一艘帆船上每样配备的具体步骤，包括装配方向舵、收齐解开所有的绳索，最后竖起主帆，准备启航。之后是相反的程序，拆卸主帆和方向舵，准备让船靠码头。开始，最艰困的部分是必须用特定的船舶模式来绑每条绳索，而且是在波士顿春天冷得让人发颤的微风当中，于日落时分练习这些精确的步骤。第三堂课是两小时的理论讲座，以及实际练习操控帆船，加速、转弯，把船驶出海。在第一个星期拿到执照后，我们一周会到查尔斯河一两次，直到毕业为止。

我们通常会在周一到周五之间课业较轻的下午，搭 Gina 的白色富豪汽车一起去，大约在下午四点开车到船屋，六点回来，冲澡，准备明天的案例。周六和周日也会去，船屋就在河的对岸，因为和麻省理工学院的船屋比邻，所以在查尔斯河上驾帆船时经常会相遇，有时候在麻省理工学院的船队和帆船操练时，还会逼近他们。

在波士顿市区中心里的查尔斯河里驾驶帆船很神奇，左边是科普来广场（Copley Square）和许多摩天大楼，包括波士顿的地标保德信大楼，而右边是麻省理工学院和剑桥。每隔几分钟，在你正后方，波士顿地铁会从桥上经过，经过时乘客经常会挥挥手。波士顿观光是以鸭子水陆两栖船之旅（Duck Tour）著名，在二三小时的机动旅程中，介绍波士顿所有的历史性地标。而这段旅程的高潮是水陆两用的观光巴士会突然下降到查尔斯河里，让巴士上的游客可以暂时航行在查尔斯河上。这些船经常会在我们驾驶帆船时经过我们身旁，在他们疯狂拍照时，我们经常会挥手以对。

偶尔驶帆船出去时,会遇见经验更丰富、技巧更高竿的船屋会员,他们会提议带我们上更大、更快,且我们这些新手等级无法独自驾驭的帆船。第一位带我们的是位哈佛校友,肯尼迪政治学院的毕业生,他的儿子和我同年。我们一起航行了两个小时,他教我们如何处理紧急的一百八十度转弯,如何在强风中快速加速。我们聊了整个下午他在哈佛当学生时的日子,还有现在的变化。在最想不到的地方偶然碰上一位哈佛校友,心中会有份温暖。在那几个钟头里,我们来自何处,还有我们在那些地方是完全的陌生人都不重要了,现在我们是暂时的家庭成员,在世界其他角落里不同的旅途中找到了彼此。

当你在查尔斯河上的微风中漂浮,听着河水在平静有风的日子里缓慢流动,偶尔看看周遭的城市摩天大楼在太阳下闪闪发光,看看在查尔斯河岸边的史多罗(Storrow)和纪念道(Memorial Drive)快速奔驰的汽车,在忙碌慌乱的生活里,于一个上班日午后,置身在如波士顿这般繁忙的大都市里,感受这一切产生的相对宁静,实在是伟大到会让人心生谦卑。只要你留在自己的帆船上,顺流航行而下,人生就好像来到了一个停顿点。这些会是我对波士顿城最后的印象之一,是离开它之前我最珍惜的回忆之一。在四月的那些下午,通过这些观察看世界的我,真的很幸运。

最后的哈佛时光

我在五月初考完最后一堂考试。我记得清清楚楚，两点左右考完，在按下计算机的提交键后，我看了看宿舍房间，试着接受我刚刚完成了最后一个案例的研读，完成了最后的测验。我走到史班勒馆，匆忙抓了一点东西当作迟来的午餐。反正还得去买晚餐，所以我想应该很适合到哈佛广场上去轻轻松松地散步沉思一下，也是我以学生身份到那里去的最后几趟散步，我穿好衣服走出门去。

我漫步走过肯尼迪政治学院，在广场一家熟食店买了份现做三明治当晚餐，然后走进哈佛大学书店（Harvard Coop）。这家位于哈佛广场中央的大型哈佛书店及礼品店，每年都吸引许多游客前来，对许多人而言，它已经等同于哈佛，和哈佛学生一起在这里买书，购买有哈佛商标的纪念品带回家，成为许多人体验在此地当学生的快捷方式。因为我在美国长大，每年寒暑假又固定从台湾飞来波士顿找舅舅一家人玩，所以两岁时我就来过书店，十一岁时来了一次，十五岁之后更是几乎每年都来。我妈妈经常开玩笑说，我应该对她和我自己承诺，将来有一天，我会以学生的身份来这里。那似乎才是昨天的事，然而明天我便即将永远离开哈佛。当我在广场上四处闲逛，试着吸收这个两年来被我称为家的小区精华，记住所有小细节时，我心想：好，妈，我进来了。不过很快的，我又要离开了。大家问你是否进得来，仿佛进来之后，人生就一切顺遂没烦恼，但你离开之后会怎样呢？

我们毕业之后会怎样呢？现在人生还剩下些什么？

　　我的电话响起，是 Anuroop 打来的，结果发现原来我俩心思一致。他刚考完试，心中充满着怀旧之情，仍然难以置信。我们班还有许多同学仍有一两科期末考要考，我们算是早考完的。

　　他问我在什么地方，可不可以过来找我。几分钟后，我们在书店碰面。我们俩都很高兴终于考完试，心中却也记挂着那所代表的意义。书店对面有一家新开的杯子蛋糕店，我们去买了几个蛋糕，坐在广场中间的公共长椅子上，看着大家走来走去，谁也没有开口，只偶尔举起我们的 iPhone，随意拍几张哈佛的影像。几分钟后，当我们一起走回哈佛商学院校园时，也做了同样的事，坐在连接哈佛商学院校园和哈佛广场的安德森桥（Anderson）水泥栏杆上，查尔斯河静静从桥下流过。我们只是坐在那里，悬着双脚，看着新学生、新游客走过去，而河水静静流淌着，新的划船队伍在我们下面练习。远处波士顿市区的摩天楼开始亮灯了，已经接近日落时分，哈佛的这一天又要接近尾声了。

　　我们两个无法相信自己刚刚过完我们在哈佛商学院的时光。那个下午坐在那里，就在日落之前，我们再次环顾四周。广场上周遭的活力和气氛；林立街道，沿着人行道摆放桌椅的小咖啡馆；从各国来的无数学生，匆匆忙忙走过校园。这两年已经把我们塑造成我们之后会有的、不管是像什么怀旧的样子，很难相信眨眼之间结束了。我依然记得清清楚楚，仿佛才是昨天的事，我第一次来到学校、第一堂案例讨论课上的恐惧和焦虑，还有开学日演讲会上，第一次和 Anuroop 比邻而坐。

在我们俩享受哈佛商学院最后时光的此刻，我和Anuroop比邻而坐，真是适时又富有诗意，正如我们首次分享最初的片刻一样。

"这个？"我对他说，"这个景象、这些人、这种情感、这所学校，一辈子会跟着我们，我们会告诉我们的孩子这些？"

"敬哈佛和我们在这里的两年，还有我们在这两年后的未来。"他回答，同样感慨万千。

我们两个都举起了我们的杯子蛋糕，干杯，哈佛商学院曲终人散。

第七章

**战胜脆弱:觉得累,担心被击垮?
其他人也一样,但没有人放弃**

哈佛商学院真正代表的意义是什么？ 而成为一个哈佛商学院学生又代表着什么？ 若不是以游客的身份，而是以一个学生的身份走在教室大楼间，会是什么样的感觉？

除了豪华的宴会、昂贵的教室和宿舍、严苛累人的案例研究训练之外，哈佛商学院根植于我的真实人生课程，回想起来最重要的有下列这些：事关哈佛商学院就是要注意到每个细节。每一个细节你都得极细心地去想、去准备，每一个偶发事故，你也提早因应。而身为经理人，如果你可以额外多做一些事情，做一些原先没有人预期你会做，或并不需要你来做的事情，这才是真正的领导精髓。

如果你想成为获得真正的尊敬与权力的顶尖高手，或真正的领导人，那绝非来自不断提醒别人你身居要职，而是要通过慈悲和专注个人的小细节，以发自内心的主动赢来。

无微不至的哈佛商学院

在许多方面，学校可以说是通过行动和例子，身体力行地试着告诉我们要如何成为未来领导人，如何管理一个机构。

哈佛商学院想到了每一件事，真正是考虑到了每一细节。

例如在学校快结束前几个月,接近毕业的时候,我们会收到从学校就业辅导办公室发来的电子邮件。上面说他们知道今年因为经济不景气,找工作比较困难,所以为了鼓励同学勇于挑战,寻求更多的工作机会,学校决定给所有尚未找到工作的同学一个好消息:为了参加面试所花费的任何费用,包括旅费,将一律由学校补助。这表示如果我在洛杉矶有面试,我可以搭周五晚上的班机去,在饭店过一夜,稍微休息并做好准备,隔天面试后再搭机回学校准备第二天的考试。任何一件事,包括饭店、机票,有时候连出租车费用和餐费,都由学校支付。好像哈佛商学院比家人更担心我们找不到工作。

二月,当我们的印度之旅取消时,我们收到一封电子邮件,通知我们说即便取消是因为恐怖炸弹攻击,学校方面并没有错,但有些同学因为取消航班时间较迟,所以要被收取一些刷卡的服务费(convenience fee)。邮件上说,因为学校取消了这次旅行,如果有同学必须支付任何额外费用,可以向学校申请,由学校全数支付,由于这不是学生过错,所以不该被要求支付任何款项。而当初印度之旅还没取消前,我们这些有幸上榜可以参加的人,都接到了电子邮件通知我们到办公室去拿印度之旅行程包,里面有张完整的清单,建议我们该接种何种疫苗,一份电影清单——有兴趣进一步了解印度的人可以按图索骥去看这些影片,甚至还有一本免费的《孤独星球旅行指南(印度)》(*Lonely Planet's Guide to India*),这些全是免费的。再提醒一次,作为学生的我们从没期待会有这些事,更不用说要去要求这些。但哈佛商学院还是把一切都安排好了。

每当我们为了针对一个主题讨论，排定在每间教室内放映影片，不是为了好玩，而是课程需要时，经常发现教室前面有免费的汽水和爆米花，连纸巾上面都有哈佛商学院的标记。如果有外宾来演讲或讲座，我们很想参加却无法前往时，这些演讲都有录像，我们可以自由下载，用笔记本电脑自行观看。

在第一次期中考的几周前，我们接到学校信息科技办公室发来的电子邮件，我们下载并安装一个叫"考试"的打印驱动程序。我们照做了，因为这是我们在哈佛商学院真正的第一次考期，所以同学开玩笑说，不晓得学校要如何在同一时间内一起给九百名学生测验及监考。

考试当天，每一班都被指定到不同的教室进行四个小时的考试，因为全是考申论题，也不需要有人监考，也几乎不可能或有理由作弊。所有教授都待在大楼外面的休息室等待，以备学生可能有任何问题要发问。

四个小时后，教授走进来宣布考试结束。每位学生应该收起他们的笔记本电脑走到外面，并根据指示去打印后交出他们的答案。我们彼此看来看去，九百份考卷要插上插头后再慢慢安装打印，可能要花上好几个钟头的时间。

结果我们一走出教室，就有职员招手要我们上楼，而一上楼，发现有更多的职员等候着，解释说我们可以自由选择任何一间教室使用。每层楼都有六间教室，我随意挑了一间人较少的教室进去。走进去，大受震撼地发现教室里每排桌子都有五六台打印机，一共五排，总计起来有二三十台打印机，插头都插好了，连 USB 的连接线也附上了。这意味着在那时候，有将近两百台的打印机同时准备好供九百名学生使用。

其余的步骤简单得惊人。我迅速走到最近可用的打印机前，把 USB 线插到我的电脑，并且按下打印键。因为之前就已经下载了这套软件，我的试卷几秒钟就打印出来了，那要把它放到哪里去呢？在每间教室的前面有九个箱子，每个盒子都标有 A 班、B 班等，依此类推。我的试卷共有九页，如果我要装订怎么办？在箱子前面有好几十个订书机。要是最后一秒突然需要笔又该怎么办？同样，在前面也准备了几十支铅笔。职员也都站在前面，有问题可随时找他们。有时候，某些同学有格式化的问题，或因为某些问题，他们的计算机或打印机无法马上打印。我看到一位同学举起手，前面的职员马上就过去帮忙，在了解问题事关复杂的信息科技后，那职员马上转身喊道：IT。立刻就有信息科技技师跑过去帮忙。先前我甚至没注意到教室后面就站着两位信息科技技师，准备好随时为我们解决任何突发的计算机问题。

结果，十分钟后，我已经从打印场回到我的书桌前。只要十分钟，哈佛商学院就能处理九百份考卷，毫无差错。我们甚至不知道他们是从哪里临时找来两百台打印机，但他们做到了。我们不禁想知道，难道这个过程、这个经验，也是企业管理硕士教育的一部分？不管是不是，毫无疑问，这就是哈佛商学院的方式。

学校的财务室职员每学年会到我们班上做一次四十分钟的简报。通过三十页的 PowerPoint 向我们说明学校当年的花费情况。每一名哈佛商学院学生每年的学费大约是四万三千美元，而学校每年花在每个企业管理硕士生身上的费用是将近这数字的三倍。

每个听到哈佛或哈佛商学院的人，很容易马上就联想到它的超高学费。其实学校在每位学生身上都承受重大的赤字，甚至还没考虑到我们许多人，包括我自己在内，都是申请奖学金来此就读的。其余经费主要靠来自哈佛商学院出版社、高级管理人员工商管理硕士教育课程（EMBA）和校友的捐款来弥补。如果2009年的九百名学生中，有任何人能够成大器，我们都知道就像今天我们从别人那里得到那么多的帮助，终有一天我们也要回馈，而看到学校在我们身上所做的努力和无微不至的付出后，我们也乐于如此。

财务室的工作人员巨细无遗地解释钱花在哪里，我们的学费用在哪里，今年学校将发展什么样新的计划和课程以及它的费用。推论很简单，如果哈佛商学院是一家公开募股公司，学生就是它的股东，我们有权利以最透明的方式来了解我们的公司如何营运、怎么运用我们的经费。这种"学校—学生"一体的模式，是我之前在亚洲或上过的学校从未见过的。

学校的提醒

美国的感恩节在十一月的第四个星期四，在必修年时，因为是假日，所以那天放假。许多学校，包括我们学校在内，都会连星期五一起放，所以学生们有四天连休假期，本学年终于有机会回家度假。这是重要节日，大部分美国同学都会搭机回家，所以哈佛校园几乎是空的。

第七章
战胜脆弱：觉得累，担心被击垮？ 其他人也一样，但没有人放弃

感恩节的两个礼拜前，我收到了一封电子邮件，不是哈佛商学院，而是哈佛校长寄来的，是寄给数千名从海外到哈佛各科系就读的学生。在这封长长的邮件中，校长祝福我们有个愉快的感恩节，之后解释感恩节的由来以及对美国人的重要性。她在邮件中说，因为大多数的美国学生回家度假，哈佛的教职员担心海外来的学生因距离遥远无法回家，在这个周末感到特别寂寞，特别想念家人。因此，下列的教授们将欢迎有兴趣的学生到他们波士顿的家里，与他们的家人共度佳节。当然名额有限，是如果你报名参加，他们的家人会来接你，就像家人一样，欢迎你到他们家中共享晚餐。

名单上有数十名哈佛教职员，各个系所都有。有时候就像这样，虽然学校给人的印象是又大又有钱，但表现得却不像。相反，它倒像是温暖的小家庭。不管你是从哪里来的，有什么样的背景，只要你是哈佛的学生，你就是哈佛家庭的一分子。

如果要我用一句话来总结，那会是："当你做到一些额外的动作、额外的努力，特别是不需要你去做或没人期望你会做的事，你却都做到了，你才是真正的领导者。"

每学年末，当我们因为毕业要离开哈佛商学院，或因为必修生结束要搬出我们一年级的宿舍时，就会发生这样的典范。每个人在打包装箱，要搬出去的几个星期之前，我们这些住在宿舍的人会收到一封邮件，上面写着在搬出去期间，几乎每个人都会丢掉不要的衣服或用品。身为幸运的人不应该浪费，把其他人或许还用得上的东西随意丢弃。为了让事情更加方便，也鼓励我们捐

赠，在每栋宿舍建筑的大厅，都放置了一个大型纸箱，我们可以将不需要或基本不用的东西放进去。在学年结束后，学校会收集所有的箱子，捐给附近的游民之家。

每年在大家要搬出去之前数周，邮件就会准时发过来，每年这些箱子也会准时出现在大厅里。现在只要想到要搬出公寓时，我就会想到附近有没有捐献箱或捐献的机会。这就是教育，考虑到最细枝末节的地方，其他的就不用再多说了。

另一个好例子是：当我们适应了必修年一个月后，有一天早上在上领导与管理这堂课时，凯普兰教授说学校要他宣布一个重要信息。他说从今天起连续几周，哈佛商学院将开放给全球各地的人预约，来和我们一起坐在课堂里上课。

不需任何费用，不需任何资格，只要有兴趣或考虑申请哈佛商学院，都可以先来看看上课情形，只需提前在线预约。办公室会寄通知给每一班，而在上课前，我们的班代表会到办公室去接旁听的人。他们会坐在前几排，完整上完八十分钟的课程，就像这里的学生一样。

能做到这个地步，以我的观察，允许任何人都可以免费来哈佛商学院上课已经是够殷勤的了。不，凯普兰教授又继续说下去。

如果我们今天班上有三位旁听生，那么办公室会给我们班代表旁听者的名字、背景资料摘要、曾在哪里就读、目前在哪里工作，还有他们的家乡在哪里。课堂一开始，他们就会像家庭成员一样受到欢迎并加以介绍。他还说，如果有某位旁听生是来自你的国家，或你的大学母校，请在课后花几分钟和他们讲讲话，欢迎他们，问他们有没有进一步的问题，我们应该让他们觉得宾至如归，也该小心谨慎。因为根据计算，接下来几年内，今日大多数的访客都会试着申请哈佛商学院，但并非所有人都可以进来就读。因此在这教室里和我们短暂相处，以及在课内或课后跟我们说说话的任何机会，我们做的任何评论，我们对他们所做的任何动作，都大有可能成为他们未来工作生涯中对哈佛商学院唯一的印象。如果我们自大又无礼，那他们将永远记住哈佛商学院的学生既自大又令人讨厌。请记住让他们在这短短的几分钟内感受到欢迎，他们是我们的客人，我们则代表学校。

综观我整个受教育过程，我曾在某些顶尖学校待过，遇到过某些亚洲最优秀的学生。但我首先就要告诉你，到目前为止，只有哈佛会特别提出我们不应表现出那副模样，尽管我们可能会被视为最顶尖或最顶尖的大学学生之一。在亚洲许多地方，一想到排名在前的学校，就会想到认真读书好几年，成功通过考试，到了学生终于要入学时，就会有种荣耀在身的感觉。我们考上最高学府，因为我们努力付出得来，所以这是我们应得的。考不上的人，则表示他们没有这种能力。学校本身也经常表现出反映学生这种信念的行为，常大喇喇地夸耀这样的信念，说他们就是第一名，而你就是拿他们没办法。

这也可能会在哈佛发生，或许就某些方面而言也确实如此。但是在我的经验里，从来没遇到哪一所学校或机构，能如此大费周章地告诉自己和他们的学生：他们不应该那样。简单地说，真正的领导风格和真挚的诚意，就发自这样的时刻。学校没有必要，而且坦白说，若学校没有这样做，也没有人会说什么，所以学校真的没必要特别地慷慨行事，对我们可能不会再见的陌生人那么亲切，对将来可能是其他学校的学生那么礼貌、那么谦逊。

重点是：哈佛商学院本来没有必要做这些事，但它却做到了。这也提醒我们，任何时候我们都应该记住这些例子，而我们确实应该记住。

严苛的训练造就未来的轻松。当我被问到关于哈佛经验时，一般外人在听了一些故事后，很容易就会将哈佛商学院的生活想成是阔绰精英或特权人士的嬉闹和游戏。关于这一点，如果我没有讲清楚，请容许我最后再强调一次。有不少时候，特别是在必修年，我认为哈佛商学院的生活是我这辈子所遇到的最艰辛的学生生活，根据我的求学经验，这是最严酷、最具挑战性，也是我所经历过最不松懈、最严密的教育训练。我之前讲过，好像每天都在准备大学的期末考试，但是从进哈佛商学院第一天开始，一直到完成最后的期末考试为止才结束，无一例外。前一个晚上没睡好，昨天生病了，或你只是缺乏信心，不那么喜欢社交生活，这些事都不重要，无一例外，你每天都必须来上课、发言，挑战别人的看法、捍卫自己的观点。不知道 Excel 去学，马上就学，明天就用。不知道财务，没经历过银行业务？谁管你，你现在是成人了，自己想办法处理。没人管你每晚是否得多花五个钟头，一直读到凌晨三点，反正你就是要能在六点起床，七点半赶上学习小组的讨论。每个人都理应跟得上、能讨论、充满进取心，同时还有征才活动，要社交，要边喝香槟还始终保持笑容，像是世上没有任何烦恼一样。你觉得累、想家、担心被击垮？其他人也一样,但没有人放弃。你有问题吗? 去解决,再继续往前走。

在哈佛商学院的生活并不全都是嬉闹。要能骄傲地穿上有着哈佛商学院徽章的衣服,必须付出相当大的代价。

在你去做第一天的暑假实习工作,或接任企业管理硕士毕业后第一份工作时,这一切付出都值得了。我记得在 Pole Rolph Lauren 工作的第一周之后,我曾这么想:哇,在哈佛读了一年之后,在公司里一天上班八小时根本就是在度假。在每个周末气氛高度紧绷的舞会上,与所有的哈佛商学院学生交际应酬后,和一般员工打交道及并肩工作就显得容易和有趣多了。

回顾以往,哈佛商学院做得最好的是:帮你准备好进入真实的世界。当然很痛苦,但是这肯定会让你更强壮,几乎再没有任何事情能够吓到你、威胁你或打败你了。

哈佛经验的影响

就比较轻松的一面而言,哈佛商学院经验的另一个重要部分是,我首度接触到订制西服,或者说是高级男装订制服。开学后,我们会开始收到传单和衣服样本,仔细打听过后,原来他们是旅行裁缝师,会到全世界各地的大都市去为顾客制作专属的手工西服。这里面有些裁缝师父还专门为世界各地的商学院服务,他们会在哈佛商学院隔壁的查尔斯饭店待上三到五天,和几乎全部来自哈佛商学院或哈佛法学院的顾客碰面。必修生那年我没有时间，但是在 Polo Ralph Lauren 做过暑期实习生后，我对高级男装订制的过程充满了极大兴趣，于是在选修这年和两位商学院裁缝约了见面。

会面大约进行一个小时，让他为你量身，他总共写下三十五项之多，接着由你来挑选新西服及衬衫的式样、设计和布料，西装会在一个月内做好、寄给你。因为他们每学期都会到哈佛商学院、华顿和史丹佛，也有了一定的名声，他们的广告词是：设计时髦质量高，价钱却很平实。第二次碰面我走进去时，看到一个同学还在选他的布料，他订了三套西服和领带，说他下个月有个面试，看起来得体很重要。再说，我们几个月后就要毕业了，之后会需要几套好的西装与衬衫，而这轻松、休闲又没那么昂贵的选择，是了解购买一套好的订制服的好方法，同时也是我们在未来事业中无疑会用到的品位和经验。

和其他事情一样，哈佛商学院影响你去察觉那些比较细微的事，就算你不需要，也从没意识到自己竟会如此。

在我就读哈佛商学院一年后，我回到"真实世界"开始我的暑假实习。直到后来，我回去看家人和朋友时，我才发现哈佛商学院也带给我一些不好的习惯。

哈佛商学院里每个人讲话都很快，在这里待了几个月后，这就变成了一种习惯，因为每回我们在课堂上发言时，都只有几秒时间可以说出自己的观点，还得一直担心在讲完之前会被打断。我在进哈佛之前语速就很快，现在让我自己都觉得震惊的是，离开哈佛时，我说得更快，而且经常给周围的人一种错误的印象：

我说话这么快，肯定是因为我要么泄气，要么不耐烦，不然就是两者皆有。以至于现在每逢我开口时，我都会有意识地提醒自己：说话要慢一点儿。

然而，就许多方面而言，我真的很容易不耐烦，还经常发生在生活中最随意的小事上，刚开始这真的连我自己都吓一跳。在哈佛的两年中，日复一日，我几乎每一分钟和每一小时都计划好，几乎每件学校安排的事都要详尽且准时地执行，直让人精疲力尽。后来，我发现，即便在哈佛商学院之外，我也会无意识地期待和这一模一样的模式。

最近一次回台湾，我发现自己在麦当劳排队等餐时竟等得不耐烦起来，柜台服务人员要我等三分钟，结果五分钟后才好，我发现自己会因为等得比她原先承诺的久而感到烦躁而震惊。还有在几次和朋友聊天的场合里，当他们说得特别慢而且好像没有重点时，我还真的开口要求他们可不可以说快一点儿，或者说重点。

在那些时刻，我的内心感到"理所当然"。在接受了哈佛商学院两年的鞭策和训练后，我习惯于人人都遵循和哈佛相同的模式和原则，以至于我真的忘了现在我已经回到了真实世界，不再在哈佛商学院的环境里。不知道许多负面的企业管理硕士是不是也是从类似的风潮开始的。

终于，我发现了自己在我想要找的大部分事情上，无意识地运用起哈佛商学院的标准，让我在连自己都不知道的情况下，变得吹毛求疵。最好的例子就是五月我在旧金山找公寓时的例子。

起先我的目标公寓很简单，我不要太贵的，也不需要一个宽敞或豪华的空间，我只要一间感觉和加勒廷馆的宿舍房间一样的公寓，在每个晚上回家时，不会有压抑的感觉。

看过几十间公寓后，还是觉得它们大部分采光都太暗，或者屋龄太老时，我突然了解到，尽管我认为自己并没有太挑剔，事实上我几乎是到了要求太高的程度。只因为在加勒廷馆住了一年，而现在已经习惯了哈佛商学院生活的标准，我自然而然把那拿来当我一切的基准，包括找一间好像简单的公寓。每每随着我们慢慢适应了哈佛商学院环境外的生活，我们也慢慢了解到哈佛商学院的两年对我们造成多深的影响，而且这影响还会不断继续下去。

勇于发言但不一定真的了解

哈佛商学院里有个有名的笑话，说如果你问我们的老板，你们最不喜欢哈佛商学院学生的什么时，答案经常是："几乎在讨论所有的主题时，哈佛商学院的学生讲起来都头头是道，就好像他们是那个领域里的大师和专家。实际上，对于自己所说的一切，他们根本毫无概念。"

这笑话我在校园里或晚宴上听过多次，而毫无例外，每次听，所有哈佛商学院学生都会捧腹大笑。

在许多方面而言，这实在是再真实不过，这可能是苛责哈佛商学院学生的首要理由之一，也是我们很多人都会同意的看法。

几乎所有议题，在短短几秒钟内立即反应，信心满满地分析并捍卫自己的观点，听起来是一个不错的建议。我们在哈佛商学院研读的方式，几乎都是鼓励我们说话，即使根本没有什么好说的也要发言。

比如说，我们有个关于在意大利的核子反应投资案例，在教这案例的课堂前夜，我们花了一个小时研读，并为明天的课堂讨论做准备，所有的相关资料和数字已经都在个案中，我们只需要仔细思索即可。

会被问到各种问题，同时也被期待着给出答案，好像我们是经验丰富的工业经理。或者，如果我们是意大利核子反应工业的专家和总裁，我们会怎么做？ 如果认真思考一下，你就会发现这件事很荒谬。首先，我们很多人根本没去过意大利；第二，除了几个小时前才读到的案例，大部分人先前和核子反应工业既无关系，也无经验。大部分的课程要求我们试着发言，大约每三节课中，就有一节要高谈阔论，就算我们根本不知道自己在讲些什么，在谈到一个我们一无所知的国家或者工业时，我们还是得自信满满地举手，并且说得好像我们都是那个领域的专家一样。在一堂只有八十分钟的课里，我们能有多少专业？

哈佛商学院最棒的事是我们每天可以接触两三个案例，到我们毕业时，我们读的个案已经超过五百个，而且几乎涉及各行各业。可是我们对任何一个案例的认识会有多深？从来没有真正踏入相关领域的我们的想法会有多实际？到最后，这种教学方式通常营造了一个特定的环境，鼓励了自信过度的个人在做高层决定时更加轻率，但其实我们对于事情细节甚至不怎么了解。而我们都习惯了发言，一杯在手，面带微笑地发言。这是到毕业时，我们已经玩得炉火纯青的全套游戏。

东西方教育心态的差别

在波士顿时，我们经常有机会和其他商学院的学生碰面，也经常会出现一个有趣的现象，我个人认为这是"东西方教育心态的差别"。

简单来说，当我们在参加者大都来自波士顿各校的亚洲学生宴会中时，经常向其他企业管理硕士的学生做自我介绍，有好几次会碰到同样的事。当我向其他亚洲来的企业管理硕士班学生介绍自己后，他们往往马上就问："哇，哈佛商学院，你的GMAT分数一定很高吧？"

那是我个人觉得拿来问哈佛商学院学生最奇怪的问题之一。从我来到哈佛商学院上学后，和哈佛商学院同学第一次见面时起根本没有人会互相问彼此的GMAT分数有多高。

我通常会露出一个奇怪的表情说："不，我的GMAT分数只是一般程度，不是很高。你的分数多高？"

等他们回答后，我们会发现大部分时候他们的 GMAT 分数都比我高得多，于是困惑的他们接着就会问："那你的 GPA 一定很高，对不对？"

又是一个奇怪的问题。"不，我的 GPA 也很普通，你的有多高？"同样，他们的 GPA 通常也都比我的高许多。

现在令他们很迷惑，于是他们会问："那你是如何申请到哈佛商学院的？为什么我们不能？"

于是，我们可以回到最初的问题：你申请哈佛商学院了吗？有趣的是，他们大部分都没有，我问了一下他们的背景，结果发现他们年纪都比我大，有更多年的工作经验，而绝大部分人都和我一样，是毕业于台湾大学。

那么，这故事的重点在哪里？

在我看来，这是东西方差异的另一个既大又简单的例子，小小的差异结果将最优秀的海外学子彻底分开，到你出国读企业管理硕士时，你可以看看这已经产生了多大的不同。

很多人都会陷入相同的模式：他们有高得多的 GMAT，几近完美的 GPA，毕业于亚洲最棒的学校，然而他们连尝试申请哈佛商学院的勇气都没有，只因为哈佛商学院好像太遥远、太不可能、也太高不可攀了。我要再说一次，如果你连试都不试，怎么知道结果一定会如此？ 许多亚洲学生似乎都认为从顶尖亚洲大学毕业，差不多等于只能申请到美国排名四十的学校，于是他们只申请排名在三十到五十之间的学校，要是被第三十二名录取，就心满意足了。是谁告诉你应该满足于三十二名的学校？还有，除非你已经试过第一到第三十一名的学校，否则你怎么知道自己不够好？长久灌注的自我设限感、过于谦卑的谦虚感，以及对所得到的一切要知足的这种根深蒂固的心态，外加永远缺乏自信的阴影，正是让最后的结果南辕北辙的源头。

第二部分同样明显。大家第一个反应就是问我们的 GMAT 有多高，然后是我们的 GPA 有多高。同样，这些问题在哈佛商学院里从来不曾被提及过。因为哈佛商学院的每个人都知道，如果你进了哈佛商学院，或任何排名前二十的商学院，几乎都与高分没有什么关系。事实上，他们最早会问这些事，也就显示出一直把重点放在分数上这种根深蒂固的亚洲人教育心态。其实分数最终跟你在真实世界的表现关系甚少。大部分时候，他们的 GMAT 或 GPA 总是比我高的这个事实，只是更具讽刺意味，也更加突显这一点而已。

别误会我的意思，就世界优秀商学院而言，分数很重要。但和亚洲人不一样，国外研究所不会只因为你比另一个人的分数低几分，或是你的 GPA 比其他人低一点就拒绝你。只要你的分数在平均值之上，那让你胜出的理由是：你有什么特别的地方？你和全世界另一万名申请者有什么不同？我们为什么一定要接受你，而拒绝其他九千多人？你要如何包装自己，说服我们？

"特别"和"与众不同"这些观念对最优秀的台湾学生来说，往往格格不入。台湾学生长久以来被灌输要专注在分数、课程和考试上的想法。请相信我讲的这件事：当你和来自世界各地一万名学生竞争时，不论你的 GMAT 或 GPA 有多高，都没有特别之处，一定有人更高，一定有人拥有更完美的在校纪录。

让你被选中的理由是，你对自己有多了解，你对真实世界的运作了解多少。还有，当你有机会以几分钟时间说服周遭那些人以及学校相信你是多么与众不同和特别，如果他们没有接受你，会有多大的损失时，你有多自信。

这些才是我们该问的问题。

我很早就注意到的某件事是，我认识的许多哈佛商学院的同学有着相同的人格特质。这些特质有些好，有些不好，但全都符合哈佛商学院学生的本质，或者说符合进入顶尖商学院的那种学生所必须拥有的心态。

例如在期末考期间，写完考卷后，我们必须按下"提交"，以确定我们的档案上传无误。就如对所有事情都过度谨慎的人一样，我会在初次上传之后，确实按下"提交"键，联机下载我的考卷，以便再次检查是否已经正确上传，而且为了以防万一，会再"提交"一次，前后总共三次，以确定一切都没问题。事后我会心想自己疯了，但我就是控制不了。

一个小时后，几个同学和我搭出租车前往波士顿市区，打算看电影度过那夜，急着庆祝期末考结束。我坐在副驾驶座，大家坐在后面。我无意中听到这样的对话。

第一个人对第二个人说："这次你上传了几遍考卷？"

第二个人咯咯笑着说:"四遍。我总是会好紧张。我得把它下载下来,亲自看到,以确定第一次的上传正确。但在我下载之后,又怕我把它毁了,结果就是再上传一遍,覆盖第一次的上传。"

第三人说:"哦,我每次考试都那样做。"

我心想,哇,原来疯狂的不是只有我一个。

另一个让我经常觉得好玩,而且就许多方面来说都具有象征意义的场景,是史班勒馆餐厅里的午餐人龙。在必修年的头几个月里,我带的是一般手机。必修这一年每个人都很忙,总是匆忙赶着上课、参加活动、聚会,而且似乎总是充满了活力;人人总是非常积极、有干劲、总是跑来跑去、总是说个不停。

然而,午餐排队人龙则正好是相反的极端,达到会让哈佛商学院的学生不自在的程度。在那几个月里,只要我一排到长长的午餐队伍里,不论是等饭或三明治,都会立刻感到不自在。这些队伍平均大约要排十分钟,在哈佛商学院的术语里,那代表我们得站漫长辛苦的十分钟,不动,没有一个真正或假装的理由来表现忙碌或兴奋。那会让你感觉像个输家,好像世上除了你,每个人都有谈话对象,有地方可以去。你会看看你前面和你后面的人,大家都在想同一件事,但要脱离这种困境最安全的方法是表现出忙碌的样子,好像你的肩上扛着整个世界,不能被打扰,毕竟你是很重要又很忙碌的哈佛商学院学生。

那时头几次在队伍中时很尴尬,因为和许多有黑莓手机的哈佛商学院同学不一样,我无法假装在看电子邮件,假装被工作缠身。我也常常在想自己是不是唯一有偏执狂，唯一没有安全感的人。

到了选修那一年开始时，到处可见 iPhone，因此我百分之七十的同学，包括我自己，都有 iPhone。救世主！我在哈佛商学院剩下的日子，再也不需要担心被人视为输家，被人视为一个人站在那里，没和重要人士聊上话的人。我只需要拿出我的 iPhone，查看一下我的电子邮件、上网看最新电影消息，或者看 YouTube 上最新的有趣影片，只要看起来好像忙碌、疲倦、重要的样子就好。

有一次在班上度假后返回哈佛商学院校园的车程上，同班同学和我一一检视我们在哈佛商学院看到的好玩和有趣的事。我提起这件事，大伙儿马上大笑起来，他们都这么做，大家都注意到了。那时我开始了解到，的确，对一个能够打败世界上好几千名最优秀的学生，进入哈佛商学院，度过事实上是和九百个同学日日竞争的两年的人，几乎人人都有相同的性格特点，同样的实力，也往往有同样的弱点。如果你走进哈佛商学院的午餐队伍里，百分之八十的人都会低头并玩他们的 iPhone。想到这里，我们都放声大笑。

就像我们总是一而再、再而三地"提交"我们的试卷，像这样的片刻很有趣，也让人有机会一窥哈佛商学院学生的真实心理状态。

在历史面前卑微

毕业前几周,学校开始在贝克图书馆地下室的走廊墙上加挂更多的画作和照片。如果你住在宿舍里,而且习惯走这些走廊下课,还有每次在学校餐厅用晚餐时,一天总会经过这些走廊许多次。

这些照片当中有许多深具历史意义:黑白照片,显示差不多一百年前工人如何建造每栋建筑,它们当时的蓝图,捐赠好几百万建设该建筑物的富裕成功校友家族,还有和建筑今日模样的对照。

我经常乐于挑晚上走过这些走廊,这时的走廊没有其他人,非常安静。经常晚上晚一点洗过澡,想起我得去信箱拿信时,我会一个人走过这些走廊,看着这些照片,清楚知道这是我最后几星期的哈佛商学院生活。

其中一张照片令我印象特别深刻,那是一张只给行人使用,没有汽车的人行桥建造和交接典礼的照片,横跨在查尔斯河上方,连接哈佛商学院校园和剑桥其他部分,今天学生只知道它叫"人行桥"。

我更仔细地看着那张黑白照片,它被称为"纪念桥",在通行启用典礼上,地方绅士和政治人物都在场观礼。由于是一座纪念桥,最有可能是用来纪念军人,桥末端有许多穿军服的士兵往上举着旗帜,气氛庄严肃穆。照片下方标有日期:摄于1927。

第七章
战胜脆弱：觉得累，担心被击垮？ 其他人也一样，但没有人放弃

我想了一下在 2009 年当下的那座桥，无数哈佛商学院学生和我每天越过那座桥，它是我们哈佛商学院生活如此不可或缺的一部分，以至于我们从来没有真正地思索过这座桥。我原本以为，或许它是三十，也或许是四十年前建造的，根本不知道它是座纪念桥，而且在 82 年前就建造好了。

那一刻，那一晚，夜半独自一人在空荡和充满历史意味的哈佛商学院走廊里，我感觉渺小和卑微。我只是经过这些走廊、越过那座人行桥的芸芸众生之一，而照片中那些人现在早已离开人世，或许连他们的名字也早已经被遗忘。而我是现在站在这里的许多人之一，八十多年之后看着他们，他们在照片中的剪影，看着他们那天早上骄傲地站在风中，他们留给世人的遗产。不知怎的，我觉得和这些我从不认识的陌生人之间有种关联，以及身在这幅巨大拼图中的自我存在感。

在许多方面，唯有在你置身于这个圈圈之外，撞进了一个比你的世界还要大许多的世界时，你才会了解，有些事变得多么不重要和不必要。

我听过一种说法，之后无论我到何处，始终记在心里："你从哪里来、你的国籍是哪里、你认同哪个民族并不重要，人人有着同样的梦、同样的恐惧、对于未来也有着同样的憧憬。"

有时在哈佛商学院，特别是在课堂上时，学校让你感觉自己比苍穹更伟大，我们将要出去管理最大的公司，要成为最成功企业集团的领导人，甚至管理国家。也有像这样的时候：学校，还有学校过去的历史，会让你感觉渺小又无关紧要，只是时间进程

中的一个小小光点。如果你明天消失了，不久，大家就会忘了你的名字，就连你是否存在过都不重要。

这些片刻是好的。这些古老的走廊、这些历史悠久的桥梁和这些年代久远的校友，他们提醒我们自己的身份，我们从哪里来，以及，这个世界并不会也不应该以我们为中心。他们提醒我们自己真正的分量，而在全面性的宏观时，任何争执、任何争论、任何怨恨，相较之下是那么微不足道。

我尤其记得我们在领导与管理课的时候遇到过的一个案例，我们并没有讨论大公司或其成功的经理人。那个案例很简单，只有几页，分成两部分。第一部分是对未来八个不同的愿景，由八位1979年哈佛商学院毕业班学生在毕业之前写下，想象在二十年后的哈佛商学院同窗会上，他们会身居何位，这期间又发生过什么事。另一部分是1999年时，这八个人真的回来参加了他们的同窗会，再度应要求描述真正发生的事，以及他们原本的梦想和现实之间的差异。

1979年写的故事并不令人惊讶。八个人中的大部分都写着预见自己先到一家大型企业工作，之后不是成为资深管理层，就是成功开创了自己的公司。在最后的短短结语中，大家都期待自己到了1999年时，会有快乐的家庭、参与慈善事业和非营利组织活动。故事很简单，充满了年轻人的梦想，那种人生刚起步、任何事都有可能的梦想。

1999年的故事出现了强烈的对比。其中一人在1979年之后没几年就和妻子离婚，而这件事似乎对他之后的事业产生莫大的影响。另一位在1979年后的短短几年间，就快要成为她公司最年轻的高级经理人之一，这时她生下一个有障碍的孩子。因为孩子，她稍后下了痛苦的决定，辞掉工作，放弃大有可为的前途，照顾她的孩子一直到他长大成人。1999年之前几年，她已经是一个和这疾病有关的非营利组织董事。她在结语中写道，她的人生结果和她原先所想象的完全不同，但现在她仍然觉得满足、充实，因为可以通过这个非营利组织，贡献给她的儿子和社会。而另外一位现在已是中年人的校友，仍和过去几年一样，担任中层管理的角色。他在1999年的故事是揣想着，现在是否要接受他的事业大半不会再有太多进步空间的时候了，是接受人生就是如此，同时更加关注家庭和孩子发展的时候。八个故事大都有以下的共同主题：失望、命运的无常、改变、适应、家庭责任、曾经有过的期待憧憬、当一个人还年轻，刚刚起步时的梦想与日常生活的严酷现实及事情经常不在掌控之中。八名校友当中，只有两位写着二十年后，他们在1979年开始着手去做的每件事，大部分都完成了。你大可以爱怎么计划和希望就怎么计划和希望，但是到头来，人生总是会让你惊讶，这似乎就是要传递给我们的讯息。

必修那年在学校最后几天的某天，院长走进我们的教室，祝福我们暑期实习顺利，过个精彩的夏天。十个班他都会一一道别，我永远记得他说的话，尤其是结尾并非我或我们任何人原先所能料到的。

"你们现在要离开学校利用暑期实习，那里也大有可能成为你毕业之后去服务的公司，因此对许多人来说，这个夏天是人生新的一页的开始,是你后哈佛商学院生涯的开始,我祝各位事事顺利。"他停顿了一下,"但是在你们走之前,我希望你们记得一件事,你们是哈佛商学院的学生。在人生当中,这个夏天,还有在往后的阶段,你们可能会尽全力成为领导人、执行长,总裁。"他又停顿了一下,"但是你们当中有许多人会失败。"

此时,教室里一片死寂,这番话当然不是我们任何人所预期的。

"我希望各位记得,你们大部分人都会去尝试。有些人会成功完成他们人生想要完成的每一件事,但你们当中许多人都不会成功,不过那没关系,这就是人生。重要的是过程,重要的是尝试,就算对哈佛商学院的学生来说,也是如此。记住这一点,并祝各位好运。"

在那几秒当中,在大家冲出门、准备开始暑期实习之前,我可以明显感觉到先前充满急切、生猛活力和一抹精疲力尽,整个室内,刹那间冷静下来。

学校一直很擅长这方面的事,当你需要感觉伟大时,让你感觉伟大,而突然间,当你应该感到渺小时,让你感觉到渺小。

人生某些时候是有我们全都感觉伟大的片刻。但大部分时候,我们只是像其他人一样渺小。

明白那一点是哈佛商学院经验的一部分,持续一辈子的哈佛商学院经验。如果你现在去看哈佛商学院的网站,首页上面会标示着:"为了两年,以及一辈子的领导统御力。"还是哈佛商学院学生时，我并没有真正太注意那句话。但是在我毕业几个星期后的现在，我开始了解那句话原来是真的。

首先，哈佛和哈佛商学院协会及校友俱乐部几乎遍及世界上每一座主要城市。我一毕业，学校就发了一封电子邮件给我，列出世界各地所有我可以加入和联系的主要校友俱乐部。这些一流的俱乐部会所中，许多都有餐厅、lounge、酒吧、娱乐室、健身房，甚至旅馆房间，通常只有哈佛成员才能申请为会员。

最近，我一直收到哈佛传来的有关校友活动的电子邮件，包括校友假期旅游行程套装、哈佛校友信用卡、校友组团游览世界各地的博物馆，甚至还有哈佛校友在你城市里的野餐会，哈佛的朋友及家族周六下午一起过来社交、联络感情，并做贸易上的联系。这些活动许多并非你想得到的那种一般旅行社的福利。例如，最近广告的旅行是即将成行的哈佛校友及家庭埃及之旅，一团多达八十名的成员可以加入世界著名的哈佛教职员和哈佛博物馆员工，游览当地所有著名的历史景点。再仔细研究那十四天的行程，显示所有膳宿全都是预期中的哈佛商学院标准：一架私人包机、五星级饭店住宿、造访城市当地最佳的推荐餐厅。

第一次收到这些电子邮件时，你绝对无法理解我们哈佛家族细节之多、准备和范围之大。校方甚至通知我们，在接下来几年，我们会开始收到有关同学订婚、结婚，甚至为人父母的通知，全都附有照片，直接以电子邮件发给我们。

去年夏天，每当我和 Ray 在研究可能的商业发展企划时，每当我们讨论一个有潜力的新行业商业构想时，常常他要求我做的第一件事就是搜寻七万名哈佛商学院校友的数据库。如果我在寻找奇异公司一个可能的门路时，就在哈佛商学院数据库里输入"奇异"。如果想询问和迪士尼的合伙机会，我不会傻傻地在网络上查阅他们的公开号码，然后打电话到他们的办公室。不会！而是到数据库里去搜索"迪士尼"。大半时候，许多资深管理阶层，通常是总裁或执行长，会是我们的校友，而我们可以用同为哈佛商学院校友的身份，发电子邮件或打电话给他们。比起像大家一样打电话给大厅一楼的秘书要快得多，也更有效率。

这就是我们的世界，也就是哈佛商学院的世界运作的方式，在幕后秘密进行。而去年夏天，是我头一次窥见自己即将踏进的世界，还有商业交易以及沉默同盟是如何开始形成的。通过在哈佛商学院数据库里简易的搜寻，一个你后半辈子都可以使用的数据库。

在过去两年的最后，有些事我现在开始了解。没错，哈佛商学院的教室过程在短短两年里开始与结束，但事实上，毕业才是真正的开始。事实上，哈佛商学院的经验会持续一生。

第八章

重新开始：当你不再是哈佛商学院的学生

破圈

我在哈佛商学院的最后一堂课是四月二十八日,在奥德里奇馆二楼的国际创业家。几乎每个细节我都记得一清二楚,因为知道哈佛商学院的生活已经接近尾声,而我和许多同学一样,那天也带了相机到学校。我们拍了好多照片,拍其他同学,拍课堂上的教授,拍最后要离开教室时的照片。我们每个人拍了一张从自己平常座位的角度看出去的照片,从这个角度看着整个教室,在我们举起手时,九十双眼睛看着我们,还有写着我们全名的小牌子摆在座位前。那堂课很特别,因为那堂课的授课教授也将离开哈佛,所以那也是他在哈佛商学院的最后一节课。我们全体起立为他鼓掌,直到他挥手、道别,走出教室为止。

就这样,眨眼间,两年哈佛商学院的课程,将近千个案例研究,还有近七十个学分都完成了。

踏出奥德里奇馆要回宿舍时,户外正是棒得不得了的东岸气候。刚过中午不久,灿烂太阳高高挂着,阳光穿过百年老树和树叶洒下来,漂亮极了。在穿过贝克草坪回加勒廷馆的途中,只见贝克图书馆高耸壮观地矗立着,正对面是正在努力操练的哈佛大学船队,从查尔斯河划过。远方伫立着长久以来被视为哈佛象征的古老红色钟楼,一如几百年前学生经过此地时的模样。我慢慢地走,每隔几秒钟就停下来,用我的 iPhone 捕捉和记忆回我房间这短短的一段路,我作为哈佛商学院学生会走的最后一段路程。

第八章
重新开始：当你不再是哈佛商学院的学生

实在很难相信，经过好几个月的焦虑和准备，不过是二十七个月前，我刚抵达这座校园，一切都恍如昨日。即便是那些不好的回忆，像是每天早上天亮之前就起床，手忙脚乱地冲澡，然后冲出门，就走这条小路，只是方向相反，朝西大道一号公寓的会客厅冲，赶着参加七点半的学习小组讨论。独自一人冷得发抖，走在几乎全黑的清晨里，不晓得今天自己的表现是否跟得上同组的伙伴，这一切仿佛是昨天发生的事。然而今日一眼望去，对外人来说，这些都是哈佛原本就呈现出的美丽景象，阳光灿烂，鸟儿、松鼠和兔子四处嬉戏，而且就在一个多月之后，来自世界各地的无数家长会涌向贝克草坪，就在我宿舍窗子外，陪伴我们踏出哈佛商学院，进入真实世界。

毕业之前离六月四日的毕业典礼差不多还有五个星期，期末考一直进行到五月五日，接着学校希望学生们先回家一段时间，找找朋友和家人，或者和同学或家人再度外出旅行和度假。在那之后，许多人包括我在内，会前往新城市或新国家几天，到四处看看。这段时间可以去找未来要住的公寓、锁定未来要用的车子，让一切准备就绪，以便在毕业之后立即搬家。我们必须在六月九日搬出宿舍，到六月九日之前，所有的管线都要关掉，箱子要送到暂时存放的仓库，稍后会寄到我们的新地址，接着就道别了。

我在旧金山停留了近两个礼拜，在那里试开了一些车子，并看了近二十五间公寓。正准备选订我上班附近的城外一处小区新公寓时，有一次和 Ray 及他家人一起晚餐，他建议，对我这样一个职场新人来说，为了自己和公司，应该选择住在城里。他提到哈佛和史丹佛校友经常会举办活动，以加强彼此的关系和生意机会,而这些活动都在城里举行,因为许多场合都会饮酒。如果我有家庭,或许他可以理解我为什么选择住在距离旧金山市区外三四十英里车程外的郊区,但那表示我可能得放弃这些对一个初出茅庐的人来说能帮你建立有用的商业联络数据库的社交活动。

有道理。离开旧金山去参加毕业典礼的前一天,我选定了旧金山市区一间不错公寓,并缴了保证金,那离旧金山著名的联合广场(Union Square)只有几分钟路程。我要回波士顿去参加毕业典礼,回台湾去看朋友和家人三个星期,然后在七月一日搬进新公寓。

令人难忘的典礼

波士顿的毕业周盛况非常壮观。波士顿市周围有八所大大小小的大学,包括知名的麻省理工学院、哈佛大学、波士顿学院和波士顿大学。每所大学都在六月第一周有好几千名毕业生踏出校门,波士顿地区因此挤满了好几万名的家长、朋友和家人,带着灿烂的笑容和大大的相机四处晃动,而疲惫的毕业生则带着他们忙碌地穿梭在一个个观光景点间,还经常会在同一个地点遇见同学和他们的家人。这些景点都是可以拍到最好的照片、带回家去炫耀的地点,如哈佛广场、麻省理工学院草坪、科普来广场上的商店、昆西市集(Quincy Market)、查尔斯河下的小船、中国城、里戈海鲜（Legal Seafood）、保德信大楼五十二楼中心之顶舒适的餐酒吧，甚至是到距离波士顿外车程四十五钟的畅货中心购物。事实上，我甚至在同一天碰见两位同学也带他们的家人到同一个地点。相遇时，他们也给了我同样的傻笑，意思是：没错，我们都有同样的想法，对吧？大家都带家人到同样的地点。而且在我爸妈抵达之前，我们全都对照笔记，看可能漏掉了哪些游览地点。

Gina 的父母亲在五月二十八日就抵达了，是第一对；我爸妈五月三十日来，到六月二日时，几乎大家的家人都到了。那一周剩下的时间，波士顿顿时变成一个充满欢乐气氛的城市，因为人行道上挤满了一家家的人，从哈佛商学院校园走到哈佛广场时，一定会碰见一家家的人在拍全家福照片。

我们班还表演了一段案例讨论模仿秀，让我们的家人看看教室辩论的模样。我们决议了一个案例，并在六月三日那天预约了一间足够大的教室，让学生坐在中间，家长坐在旁边，然后我们像平常的案例日一样，和我们的教授辩论。之后我带爸妈到处走走，为他们仔细介绍校园、教室、活动室、体育馆、院长室、图书馆，所有的一切，我们甚至在哈佛商学院礼品店里停留了一个小时之久。这是我能凭哈佛学生证购买哈佛纪念品打八五折的最后几天。

六月三日是值得纪念的一晚。所有台湾学生约好晚上六点半在出租车招呼站集合，带着自己的父母一起来。我们早在几个月前就讲好了，如果我们这些台湾同学安排一个晚餐会，让所有家长在听了其他同学及家长们两年的点点滴滴之后，面对面自由交流，那一定很棒。为了让气氛更轻松，Gina预约了一家中国海鲜餐厅，由孩子们请客。

那是我所参加过最令人难忘的社交晚宴之一，在场的每个人，尤其是家长们，既好奇又轻松。最后我终于明白，在为人父母的生涯中，这是一场家长们既不需要担心问起其他家长的孩子会冒犯到对方，也无须挂怀会太过炫耀自己孩子的晚宴，每个哈佛毕业生都坐在他们父母亲身旁，每个人都是平等的。没有牵强的赞美，不用尴尬回避每个孩子的表现，没有不知所措的沉默时刻。再过不到十二个小时就是毕业典礼了，每个孩子都很开心自己做到了，满足了父母的期望，让父母以自己为豪，而每位家长都可以很开心地坐在这里见证。

毕业典礼在哈佛是一场浩大的工程，每个学院的毕业生，商学院、法学院、牙医学院、政治学院，都要在早上六点半集合，排队前往哈佛主校区。

6777位学生将在那里由哈佛校长珠·佛斯特（Drew Faust）授予毕业证书。而那只是哈佛大学校本部的仪式。早上十一点结束后，每个学院再回到他们独立的校园里，用过学校提供的简单午餐，开始他们自己学院的学位授予仪式。那天早上，哈佛的警察封闭了哈佛广场外围许多主要道路，几千名穿着毕业袍的学生朝着有三百七十年历史之久的校区走去。波士顿的新闻会播放毕业典礼，还可见到如中央电视台（CCTV）和日本广播公司（NHK）国际新闻频道的摄制团队。

至于哈佛商学院的学生，六点半就在贝克图书馆前按照班别集合。学院做了周全的考虑，桌上准备了免费的咖啡、茶或水，还有服务生为漫长的典礼行程发放免费早餐。我们再次和同学们打招呼，大家都穿着毕业袍，这天，每个人都忙着拍照，我们班某个同学还带了一整盒的甜甜圈给大家分享。

开始朝主校区走时，我们经过一座人行桥，桥下交通繁忙。从桥上走过时，几乎每辆经过我们下方的车都会按喇叭，有些甚至还伸出一只手来挥舞。在这种时候，我真的爱极了波士顿。踏上跨越查尔斯河的人行桥时，桥下的船队和过去两年一样划过。大家都说哈佛毕业典礼那天总是会下雨，但我们很幸运，今年阳光十分灿烂，树叶油绿，熟悉的波士顿寒气消失了，所有的一切都很完美，今天是毕业的好日子。

过了那座桥，再走几个路口就要进入哈佛主校区了，警察越来越多。旁观民众也开始集结在人行道上挥手祝贺。素来享有盛名的《深红哈佛》（The Harvard Crimson）刊物的学生，开始把这份1873年创刊、由学生主导的报纸的毕业特刊免费发送给所有走向主校区的毕业生当纪念，我们都拿了一份。

不久，当我们等着进入主校区，在哈佛校长面前的座位入座时，每所学院纷纷各自集合。我们看见政治学院毕业生走进去，每人手上都拿着一颗地球仪。

我们看见牙医学院每名毕业生都戴着和拿着医学及牙医设备。过去两年里，由于各自有独立的校园和不同的课程，六千多名学生生活在各自的圈圈里。直到最后在毕业典礼时，在每所学院为最后的一刻齐聚一堂时，我们才发现自己会如此渺小，却也是某种更伟大事物的一部分，这是一种传统，如此古老的传统，尤其当波士顿警察最后穿着传统爱尔兰服装，吹着风笛走进来时，更是如此。

在哈佛主校区的典礼很简单，因为实际的证书颁授要回到各学院里完成，所以在主校区的毕业典礼通常是象征性的，每个学院的院长会依序上台，向校长介绍今年准备毕业的男女毕业生人数，而在这样一个象征性的时刻里，如女王般端坐在一张高背椅上的校长表示，她同意院长的决定。一切都根据三百年的传统完成，连毕业生代表也是如同几百年前一样，以拉丁文致辞。

哈佛主校区仪式的重头戏当然是宣布今年的哈佛荣誉博士学位获选人。

今年知名人士当中最著名的是西班牙导演阿莫多瓦（Pedro Almodovar），他是以《我的母亲》（*Tode sobre mimadre*）、《回归》（*Volver*）等作品得过金熊奖、戛纳影展、奥斯卡金像奖奖项的导演，还有刚刚上任的美国能源部长朱棣文（Steven Zhu）。

仪式结束后，我们回到哈佛商学院，试着在混乱的人群里寻找父母亲。校园内巨大的帐篷和体育馆里提供免费午餐。匆匆用过午餐后，我们再次以班别迅速集合，座位早就分配好了。院长发表毕业致辞，我们都起立转身，感谢家人在过去两年高低起伏时的持续支持。我微笑着，到目前为止，我已经参加了五次毕业典礼，无论是在东方还是西方的毕业典礼，总是有我们向后转，向父母亲及家人致意的仪式。在那天最后，不管我们的差异、我们的出身、我们的人生故事多么优秀，我们仍然非常相像，全部九百名的每一个人都是。

最后，终于到了真正颁发证书的时候了。由于人数众多，我们必须一一上台，从院长手中接过自己的毕业证书，再和我们的班主席握手，接受他面带微笑的祝福："你在我们学校就读两年真是我们的荣幸。"所以颁发证书仪式本身就耗掉三个小时。

由于我们是 A 班，所以我们最先以姓氏字母顺序上台。家长们坐在后面，轮到他们孩子的班级时，他们就会挤到我们上台队伍的最前面，试着找到最好的角度，拍到最好的照片带回去给大家看。我们同学中有些已经有孩子的，几乎每个上台时都是一手接证书，一手抱着孩子。三个小时的仪式中，我们经常回头看背景的贝克图书馆，自己拍一些查尔斯河，加上远处古老哈佛圆顶建筑及塔楼的照片，有时候则是独自仰起头，静静地向天空看几秒钟。

和九百位同学一起毕业是很有趣的经验，校外的人经常问我会如何描述在哈佛商学院的人际关系。我大部分同学毕业时都已年近三十，我们已经不是孩子了，不是小学同学，甚至也不是插科打诨、讲些庸俗笑话、一巴掌打在对方屁股上的大学同学。我和他们在一起两年，但我们研究所班级实在太大了，我常在想，到底有多少人是我真正认识的。我和同班同学很亲近，但我也得承认一年要认识九十个人相当困难。过了一年级，一旦不再分班，渐渐地我开始有了自己的圈子。有特定的朋友一起去驾帆船，有特定的朋友一起去参加派对和俱乐部,还有特定的同班同学一起去看电影。至于其他许多同学,感觉上,用"同事"这名词来形容我们的关系,比用"同学"形容还更贴切。我们一天有几个小时在一起,坐在指定座位上讨论案例,很像真实的工作。

我三分之二的同学不是有孩子、已婚、订婚,就是有认真交往的伴侣。不同于大学朋友,每个人下课后都有各自的生活。我们认识彼此,因此相当客气和友善,不过提到某些人,我们真正了解他们能有多少?

但在毕业典礼上,这些真的都不重要了。大家都一起拍照、微笑、拥抱。

我经常认为那种激动和感情就像一起从军一年,甚至像在战时。在我服役的那一年,我没有机会了解我那一百二十名军中战友的每一位,但在共同熬过基本的训练和互相扶持,有时甚至在危险的战火和压力下互相掩护之后,我会开心地期待有朝一日再见到他们,或者在需要的时候陪伴支持或互相帮助。当我看着周围的同学时,我确定他们也有同样的感觉,我们一起吃苦、忍耐、成长,直到今天,那样就够了,其他的都不重要了。

仪式在下午三点半结束。我爸妈和我快速走过校园,在所有主要的地点拍了照。此刻帐篷里正在举办一场酒会,供应各式各样的开胃菜和酒水。我们拍完家庭照,吃了一些开胃菜,和一些人握手寒暄,和朋友及同学的家人碰头。四点半,我就送我爸妈到机场。我爸爸在台湾是生命科学系系主任,必须赶回去参加系上第二天早上的毕业典礼。几天之后,我也会回台湾和他们团聚,这次离开波士顿，就是永远离开了。

就这样，我们毕业了。

毕业之后

我在六月八日离开哈佛商学院。Gina 开车送我到波士顿罗根机场，我要从华盛顿特区转机到东京，然后回台北。我在六月五日拆下有线电视机顶盒归还，六月七日搬运工过来，带走我全部十箱的东西。当我最后一次站在宿舍门口环顾四周，看着住了一年的我家——加勒廷馆 206 时，仍然很难相信我就要离开了。或许因为哈佛商学院日复一日忙乱不堪的日子，过去这两年是我这辈子过得最快的两年。不晓得从现在开始，每一年是不是都会如大家所说的过得那么快，人生只会是加快速度，从来不会慢下来。

抓起行李走下楼时，我听见电子门咔嗒关上的熟悉声响。每天我进出那个房间时，都会听见那咔嗒的声音。即使现在人在旧金山，有时我仍然听得见那咔嗒声。现在大部分的房间都没有人了，之前住在里面的人都已前往世界各个不同的角落，Gina 已经开着她的富豪汽车在外面等。不晓得我还会不会再见到那辆富豪。我开它的时间就算没她多，可能也和她差不多。再会了，加勒廷馆。

破圈

所有的一切感觉都超现实，就好像连我自己的心都不曾真正相信我就要永远离开哈佛商学院，仿佛这只是另一个暑假，另一段离开几个月的时间。我很快会回来，等我回来的时候，大家都还在，我的老同学们、我的帆船伙伴、我周末一起喝酒和参加俱乐部的朋友，09届A班永远都会在；时间会放过我们，我们永远都不需要离开哈佛商学院这完美的圈圈，前往真实世界去冒险，不需要在真实世界里真正的焦虑、真正的失望，也不会犯下登上《华尔街日报》头版的真正人生错误，这已不再只是一堂八十分钟的个案讨论。

去年寒假在桃园国际机场时，我和我母亲有过一次相当类似的讨论，当时我正在等回波士顿的航班，回去上最后一个学期。这是我们许多人经常会有的感觉，随着毕业的临近，我发现那已经是一种很难不加以理会的情绪。

有一种说法是："如果战争是地狱，那么战争结束后会怎么样？"

对哈佛商学院的学生来说，如果哈佛商学院是成功的象征，学业成就的巅峰，而且是一个人可以骄傲拥抱两年的最高荣誉。那么，两年以后呢？当你不再是哈佛商学院的学生之后呢？

这是我们当中许多人，包括我自己在内，时常担心害怕的想法。当我还是台大学生时，经常会看到家长带着七岁的孩子第一次到台大校园，指着走路经过或骑在脚踏车上的学生，希望有朝一日，他们的孩子长大后能够成为这幸运的百分之一，成为台大的学生。在台湾，上台湾大学是父母对孩子最大的期望。

第八章
重新开始：当你不再是哈佛商学院的学生

现在在波士顿，每当周末我们走过哈佛广场，看见游客，有时甚至整个观光团都是兴奋的家长和他们上小学的孩子，兴奋地指着校园里数百年历史的建筑物和匆忙赶到下一间教室的忙碌学生时，我心里就会想：如果这就是身为世上千分之一幸运的感觉，体验身为哈佛学生的意义，如果我们现在是羡慕的象征，是满足了不只是台湾的家长，还包括了来自全世界骄傲的父母亲的期待，那么在哈佛之后呢？

简单地说，因为所有台湾的家长、所有走进哈佛广场的游客，总是指着校园里的学生，小声对他们的孩子说："或许有一天，如果你真的够用功，就会像他们一样，进入哈佛。"

但从来没有人提过你进入哈佛之后会怎么样，离开之后又会怎么样？

哈佛之后的人生会怎么样？

对我还有许多同学来说，这未知事物是我们最大的恐惧，是我们在几个星期后必须要面对的恐惧。在过去这两年间，我知道在家庭派对或工作相关的社交活动里，只要有人问起我爸妈他们的儿子在做什么，他们都可以骄傲地说，他是哈佛商学院的学生。我一直在想，而且几乎是难过地想，世界上能够和哈佛商学院召唤而来的形象比拼的头衔还真少。哈佛和企管研究生，代表他尚未进入真实的世界，他还没有做出会将他贬入凡间的错误决定。所有的一切都还有可能，你可能是任何公司的任何人物，任何梦想都是可以达到的，彼时人生是美好的，你所有的梦想都还有可能会成真。有朝一日，你可以成为 Google 的执行总裁或奇异的董事长，或者你也可以被吸收回来，成为台湾鸿海的高级经理人才。由期待的观点来看，世上少有头衔是可以和哈佛商学院学生一样的纯洁和安全。因此，我们实在害怕失去这品牌名称后所带给我们的安全伞。

我们经常讨论，要是五年后，我们再次相聚，或者坐在我们的父母曾骄傲地和他们的朋友谈到我们即将到来的哈佛毕业典礼的那张桌子旁，而我们从未真正达到随着无限梦想而来的期待时，该怎么办？要是毕业五年后，我们坐在那里，只是耐克（Nike）的一名中层经理，要怎么办？没有什么不好，只是没什么特别，大学毕业后在那家公司做个十年也能升到那个职位。要是我们始终没有飞黄腾达，始终没赚到一百万美金，始终没买豪宅，要怎么办？要是相反的，经过多年的大肆招摇，成为世人羡慕的对象，经历重重难关跨进门槛，然后从哈佛毕业，却始终没有真正符合期待，只是像大家一样过着平凡人的生活，要怎么办？如果自哈佛商学院毕业只是头上的光环逐渐褪色，在生活上永远不会有超越成为哈佛商学院学生应该有的任何成就时，那又怎么办？

从哈佛商学院毕业后，我们要如何定义成功？这是打从我们踏进学校第一天起就有的迫切问题。

Jennifer 的故事是最好的例子。五月在旧金山的那个星期里，我们整天耗在城里找公寓。有天晚上，我们在史丹佛外的大学道（University Avenue）碰面，一起吃晚餐。去年夏天我实习时就住在史丹佛。用过晚餐，在街上随意溜达时，她讲起了自己的故事。

"我在南达科他州的弟弟娶了他的高中女友,已经有了一个小孩。他在我那个小家乡里基本上算是在担任社工。我父亲是邮差,我弟妹和我弟弟结婚时还在念大学,婚后认为自己没必要完成大学学业,就休学了。他们结婚后,存了足够的钱,拿到抵押贷款,最近买了一幢房子。南达科他的房子真的好便宜,以我们哈佛商学院毕业后的薪水,我们大概可以买一幢屋前有绿草、屋后有草坪的那种房子,并在一两年后付清贷款。但同样的薪水在这个城市里,却只够租一间不错的公寓。我家其他人几乎从来没有离开过南达科他,我到过波士顿、旧金山,在华顿念大学,也曾在香港和北京工作过,会讲广东话,而且从哈佛商学院毕业的我们,已经被哈佛和身边所有的人洗脑,说毕业后我们要成为商业大亨,同时还要能够平衡生活、建立一个家庭、打高尔夫球和捐款给慈善团体,如果其中有任何一项没有做到,我们就觉得自己失败了。

"但是我弟弟和他的家人,他从未离开过我那个小小的家乡。他每天上班,下午五点回家,每天晚上和他年轻的家庭在一起,他的妻子甚至不需要工作。他们赚钱,还存了一点钱,但在他们心中,他们已经完成美国梦。他们是已经拥有自己小家的年轻家庭,在一个安全的小镇里有一份稳定的工作和不错的生活。他们对生活的要求不多,因此他们也不需要很多。但是从我们的观点来看,在我们搭上哈佛商学院的火车后,我们当中没有人会回到南达科他州,我们全都认为那样太乏味了。国际性在哪儿?令人兴奋的事、高风险和高奖励、创造新事物的追逐兴奋感在哪里？在我们看过史班勒馆内部之后，当我们住在哈佛商学院的宿舍之后，当我们在 Google 工作之后，我们怎么可能再回到我们的故乡？一旦开始，回头只会被视为失败者。"

"我有同样的感觉。"我回答，"当你了解到，就某方面而言，自己看得太多，走得太远，永远无法回到自己的故乡时，就会有种悲哀的感觉。那会引导我们到哪里去呢？"

"我们只能往前走。"Jennifer 严肃地说，"我每天都会问自己的问题是，在我们这些好像非常成熟干练、聪明过人、理应出去改变世界、引领世界的哈佛商学院研究生，以及我在南达科他家乡的弟弟这两者之间，你认为谁每天都在享受人生？你认为谁比较快乐？"

我们两个人都陷入了沉默。

"不知怎的，我不认为是我们。"她说。

这些是过去两年一直在我脑中萦绕的想法，在 Gina 开车载着我离开哈佛商学院校园、前往机场时，也一路伴随着我，看起来，在我哈佛商学院的时光结束后良久，这个想法也会继续跟着我。这些围墙之外的一切都是未知数，再见了，哈佛。

从车子后车厢拿出我的行李时，Gina 和我只是简单地拥抱了一下，因为她几个星期后就要直接前往东京，所以选择在波士顿多留几天，可能六月剩下的时间会到加州，之后再回亚洲。不确定下次见面是何时何地，我们只是再次拥抱并互道"珍重"。

我看着她最后一次挥手，然后开着白色富豪汽车离开了。再见了，波士顿。

两个小实验

六月九日到三十日我回到台湾，从搭上飞机开始，就忙着思考想在这三个星期完成的事，还有如何安排我的约会，将时间做最好的利用。那次回台期间，我有两件真正很想尝试的事。

第一，在台湾成立模拟联合国发展基金会。身为创办人和创始者，我必须确定在台北那几天内可以善用我的时间，必须说服其他四名理事会成员加入，完成我们的九人理事会。我必须确定所有政府需要的文件都齐备，接下来的几星期，在得到许可后，成为正式的协会或基金会。我希望在离开前，一切都能就位，可以召开第一次正式的理事会会议，这象征运作正式开始。对我个人而言，这也是个小实验，我想了解，在哈佛商学院受教育后，我是否可以在几个月之内从草拟一个全新的组织到真正成立，并用最好的团队来运作。我是否能在以利益为导向的商业模式之外，在台湾成立一个非营利组织，或者是一个类似的公司。这次我只是想知道我是否做得到。这只是项小实验，以备将来有一天是我真有心开创自己的企业时可供参考。

第二，有鉴于每年从台湾哈佛商学院校友会在台北所协助举办的哈佛商学院说明会，获得不错反响，我开始构思写一本有关哈佛商学院经验的书。

为了进一步试探范围，以及排定我在台北那几天的聚会，我开始联络台湾的哈佛商学院校友，询问他们在台湾出版界是否有人脉可以介绍给我。理想上，在离开台湾之前，我手上要么已经有一本已经谈好的书，要么至少对这本书的企划有足够的兴趣，以便我到旧金山安顿好后，就可以着手写作。

我发了电子邮件给我之前在台湾哈佛商学院校友聚会上见过的台湾哈佛商学院校友：中磊电子创办人暨总经理 James、德意志银行非科技小组经理 Julian 以及台湾娇生公司总经理 Angela Chang。三位都在四十八小时内回复，并提供他们所能给予的协助和人脉。Angela 要我打电话给她，而且在我们通过第一次电话之后，邀请我和她先生在台北的美侨俱乐部（American Club）共进周日早午餐。

我从未到过美侨俱乐部，它的前身是美军俱乐部，不具备会员身份或没有受邀是无法进入的。

赴波士顿就学之前，我在台湾从未长期上过正式班，很好奇大部分台湾人都无法一窥究竟的商业环境内部运作情形。

享用炒蛋和香肠的同时，Angela 客气地听我说想写一本有关哈佛商学院的书的计划与动机，还有这经验对台湾和亚洲读者来说有什么意义，提出意见和看法之后，接着她提供了一些台湾大型出版社的熟人名单，跟我一个一个查看，列出要优先联络的人。刻不容缓，就在早餐当下，她打了电话给其中一位编辑，同时示意我靠近一点儿听，我们一起用她的手机扩音器通电话。

在完成接下来几天的行动策略后，她问我两年的学校生活、我的背景细节，还有我对未来的计划。她相当随和，大方分享她所知道的事和熟人，听到我之前曾写过一份电视节目的提案，但在离家去上学前，一直没有时间拿到台湾的制作公司去推销时，她表示愿意介绍一位台湾的电视公司高层人士和电影制作人给我。一个礼拜后，我在她台北的办公室和那位制作人见了面。

在此之前，我和哈佛商学院台湾校友团体的唯一接触机会，是过去两个寒假期间我们回来时参加的说明会和餐会。在我成为哈佛商学院学生之前，我对他们的印象除了我自己以申请人的身份参加的说明会外，就是有关年度"常春藤联盟酒会"在台北君悦酒店举行的新闻文章。当时我刚开始写我的 essays 和申请书，我记得我看着照片，发现宾客们全都打上黑领结，穿着正式长礼服，啜饮香槟，一起度过虽庄严但美好的时光。对当时的我而言，通过局外人的眼光来看，那似乎是有钱人或成功人士的专属派对，是世界上少数即使用金钱都无法保证拿到邀请函的。当我正在申请商学院，正在向任何一所可能会接受我的商学院申请入学许可之际，读到那样的内容，看到杂志上的照片，连想都不敢想自己有朝一日会成为他们当中的一员。对一个当时二十三岁的年轻人而言，那个场面属于另外一个不同的世界。我想，人生中有许多事和人际关系有关，仅凭那晚的宴会，到底有多少交易、决定和协议在美食美酒的伪装之下，被如掮客般安排成事。也许那晚宾客之间的握手有间接影响到我，抑或是其他人的人生。

破 圈

　　时光飞逝，两年半后，我正坐在美侨俱乐部里，等着 Angela 去打一通简短电话的同时，我环顾四周，发现在那天早上的客人中，有三分之一是外国商人，可能是政治人物还有他们的家人。几乎所有人讲的都是英语，而菜单也全是英文。在我和 Angela 谈话的过程中，每隔几分钟，就会有另一家大型跨国公司的经理或董事长过来打招呼，询问下一次碰面的时间，或只是握握手。就如之前的常春藤联盟酒会，我想着有多少决定或交易是在那里完成，或由那里开始的。我正得以一瞥另一个世界的内部运作，一个我们大部分人只能在报上看到的世界。我揣想着自己这个既没有实际工作经验，也不是会员的人，到底是怎么坐到这里来的？这顿周日的早午餐是一旦你进入常春藤盟校，就可以开始享受的一辈子优势的最佳缩影吗？即使在台湾也是如此？这个表面上看起来悠闲非正式的乡村俱乐部，实际上是台湾最具影响力的汇集地之一？如此场景是财富、特权，还有其中秘密是如何大势底定，关系和关联如何分享，家庭般的联结又是如何创造出来？当 Angela 问我是否想见那位顶尖的台湾制作人时，我不禁笑了起来。在写成电视节目的提案后，我曾努力了三个月和许多台湾顶尖制作人接触，收获程度不等。然而，今年暑假，我以哈佛研究生的身份回来，现在有个电话号码可打，下周还有个可能的碰面机会等着。

　　别误会了。我非常感激我许多著名的校友，还有他们这几年来所展现的无条件支持与慷慨。回复我每封电子邮件，应许我每个要求，回答我每个问题。

　　那个下午当我走出美侨俱乐部时，我心中多少有种想法，就是不在这里展开工作生涯很遗憾。觉得在这里的短暂时间里，我瞥见了几年前只能在报纸上读到的生活。我知道还有许多要探索，有许多要了解，这点 Angela 也会同意的，我不仅获益良多，往后也能给予回馈。

各奔前程

获邀至高雄和台中的大学企业管理硕士班演讲，在台北参与了一场公开说明会，以及开了第一场模拟联合国推展协会理事会议，并和一家家出版社碰面，在这期间，我在同一个地方停留不超过四天。然而，我待在台湾的三个星期非常幸运。协会的创立很成功，谈成了一笔重要的出书交易，还得到了哈佛商学院校友团体的支持。我见过老朋友，也兑现了承诺。我带着满足的心情搭上回旧金山的飞机，确知我个人的两项实验都是成功的。现在只要花一点时间，深思这些成功对我的意义，以及对于未来的努力，它们代表了什么样的可能性和潜力。

我在六月三十日抵达旧金山，回台的三个礼拜一晃眼就过去了。那是我以学生身份在台湾的最后一个夏天。七月二十日开始上班，Ray 稍早已经通知我，上班第一天我们就将飞往洛杉矶参加一场商业会议。我只剩下几周可以安顿、搬家、收拾行李和买车。

抵达旧金山国际机场等待我临时租的车时，我环顾了一下这个未来几年会是我家的城市,不晓得接下来等着我的是什么。飞机一降落在跑道上,我急切打开 iPhone,不耐烦地等着它联网。这是在哈佛商学院养成的习惯。大家都很小心,唯恐错过最新的学校讯息、最新的商业新闻、同班同学邀请的最新派对等,每个人每隔几分钟就要检查他们的 iPhone 或黑莓手机。

我浏览过未看的信件,心想着,我的朋友们现在在世界的什么地方? 我们哈佛商学院故事的章节已经结束,他们都到哪里去了? 知道与自己一起辛苦熬过两年,几个礼拜前的毕业典礼还在身旁的朋友们,现在遍布全球,每个人都在寻找他们可写下的故事,寻找他们可遵循的哈佛商学院期待,那种感觉实在奇妙。

毕业之后

Gina 接下波士顿顾问公司在香港的工作,和我们 2009 届毕业班的许多人一样,她的管理顾问工作上班日被公司从今年年底往后延到 2010 年 4 月,以削减管理成本开支。但因为她的工作经验和流利的日文,也成功说服了波士顿顾问公司的东京分公司接受了她,毕业后即开始工作,一直到四月为止。我们毕业数周后,她实现了从波士顿骑摩托车到洛杉矶的梦想,用二十五天横跨了整个美国。她在七月下旬离开美国前打电话给我,然后回亚洲,准备开始工作。

Wayne 由于目标相当明确，只聚焦在财富管理上，所以在我写这本书期间，他还在找工作。他和双亲、哥哥展开为期一周、穿越美国的公路旅行。之后计划再度开始找工作，看看是否要把焦点放在美国西岸，或许之后也可能考虑亚洲。

Cathy 接下香港贝恩的工作，上班日期也延后，但只延到 2010 年 1 月。6 月下旬回台湾，他打算休息、睡觉，在搬到香港开始工作之前，从事一些志愿者工作或慈善工作。

在今年毕业的台湾学生当中，Hyde 是唯一选择回台湾的人。他接下了台北麦肯锡的职务。正式上班日也是延到 2010 年 4 月，6 月底毕业之后返台。后来，他前往 IDG Ventures 的越南分公司实习。

Paul 继续他对汽车的热爱，在毕业前很久就签约加入圣地亚哥一家汽车新创公司。公司最近宣布计划将一部分营运迁至路易斯安那州，他还不一定会跟着去。

我的帆船伙伴 Anuroop 继续在世界各地旅游。在毕业之后和他的妻子回新加坡重新安顿之前，旅行了好几个礼拜。2009 年 8 月 3 日起在新加坡麦肯锡工作，他时常警告我他很快会造访旧金山，要我准备好接待他。

我 7 月抵达旧金山后一个星期收到 Emmanuel 的电子邮件。他已经正式开始他的坦桑尼亚能源创投，至少会在那里留到 2009 年夏末，看看发展如何，也考虑是否要加入欧洲三丽鸥公司。后来他于 8 月底加入。

在旧金山一切安顿好之后,我打电话给 Hide。他回到进哈佛商学院之前的日本制药公司,所以是最早开始工作的同学。日本或西雅图两边办公室任他挑选,他选择未来的两到三年留在西雅图,从 7 月份开始上班。

第九章

回馈社会：善用你的经验与资源，做点好事

破 圈

在打下这个字的此刻，我正坐在旧金山新公寓的桌前，现在是 2009 年的 7 月初，离毕业不到一个月，过去十天忙着到旧金山各种商店采购，和搬运工协调，从宜家买了几十种家具回来组装，把行李打开来整理，所以今晚是我首度有空，可以坐在计算机前写点东西。

我身体往后靠，从窗户往外看着旧金山街景，回想过去两年在哈佛的日子，明白在人生的此时此刻，我站在一个十字路口。哈佛商学院的保护伞已撤，十天后我就要上班。之前，我可以说我是大学生，或我在服兵役，等着回学校，或者说我是正在暑假实习的研究生。一切都过去了，毫无疑问，现在我是个大人了，这个夏天将是我进入成人世界前最后一个夏天，而学生这个标签会永远离开我，永不复返。

离开哈佛商学院之后，展开我事业生涯第一份工作的几天前，这十字路口是个深思的好时机：对于我来说，到底要如何定义哈佛商学院？我自己到底学到了什么？而这些对一般的亚洲学生而言又有何意义？回顾以往，每当有人问我"哈佛商学院是什么"或"是什么让哈佛显得那么特殊"时，我几乎总是以接下来的三个故事作为回答。

故事一：助学金信函

一年级上学期好玩的事之一，是 11 月左右，学校发来一封电子邮件，说明究竟是谁赞助了我在哈佛商学院的部分学费。那晚我一接到邮件就仔细查阅，时至今日，那夜仍留给我一个恒久的印象，成为对哈佛商学院下定义的一刻。

我有约半数的学费是接受赞助的，而那是由两位校友共同赞助。第一部分源自 1979 年某个毕业班。几个月后，也就是一年级下学期时，他们班代表回校园来履行哈佛商学院的一个传统，也就是在院长室举办，有三道菜、酒和司膳总管的餐会。这是哈佛商学院历史悠久的传统，就许多方面而言，是我们传递火把的方式。在这场合里，老校友与目前的新生碰面，讨论哈佛现况和企业管理硕士课程。如果运气好，你有可能是你赞助者唯一的受赠者，那么在 11 月时，赞助者就会亲自写封信给你，邀请你去参加一对一的晚餐，你们会坐下来讨论功课，规划未来的事业，看看你的良师益友未来可以给你什么样的协助。万一你运气真的不错，和赞助者一见如故，水乳交融，接踵而来的便是工作机会、一辈子的朋友关系，甚至是未来财富累积的来源。

想想改变我们一切的，往往只是单纯的一件事，经常令人觉得惊异，赞助学费这一件事连接了我们，只不过源于人生的某个时间点上，都上了相同的哈佛企业管理硕士课程，这么单纯的一个事实。然而从那时起，因为你现在是一个"家庭"的成员，所以人生理应有所改变，门扉理应开启。就许多方面而言，像这种要回溯到如哈佛本身历史那么悠久的传统,这就是常春藤联盟传统和排外性的缩影。

晚餐除了有同年级其他二三十位同学之外,还有慷慨赞助者的校友代表也会亲自出席,与我们一起用餐。六十几岁的他身材魁梧、个性开朗,整个过程让我想到那种因为家族实在是太庞大了,以至于席上大家长会记不得每个孩子名字的年度家族聚会。况且他能够分配给每个受赞助的学生的时间,都只有十分钟左右,接着就必须再移往下一桌。离开之前,他特地发名片给每个人,提到将来工作时,我们要随时与他保持联络。他是一家控股公司的执行总裁,在世界各地投资的资金有好几亿美元,没错,台湾也包括在内。

我得到的赞助金的另一半更有纪念价值。信的下半段提到我另一位赞助者是1929年的毕业生,已经过世几十年,就连遗孀也已经过世。信中提到他没有任何继承人可供学校联络,不过,这个在我出生前几十年就已设立的基金会在哈佛基金经理人的管理下,依然健全地运作着。相对于第一个赞助者,这次我没有人碰面,没有名片可收,也无法写致谢函,总之,就是没有人可供我联络。信中提到了他的全名和毕业班级,信末说虽然我无法跟那些让我得以来哈佛的人相见,并表达谢意,至少该记住,在我之前有成千上万的校友,让一切变得可能的,正是这些前人的努力。我应该要记住这一点。

那个晚上,我的案例进度已经落后许多,也已经花了太多时间在想我的助学金,那些时间本该用来做出另一份第二天早上的财务报告以及在掌控课上要用的财务结算表,我心中有种急迫感,但内心催促着我即刻放下这件事,回到课本和案例上。

然而出于好奇和诚挚的谢意,我还是上网去搜索他的名字。最起码,毕竟我欠他那么多,至少该努力找出这位陌生,却对我慷慨相助,让我能够坐在这里的人是谁。

他是他那年代金融领域里相当杰出的一位人士,从20世纪30年代一路成功到20世纪70年代,甚至在某段时间成为纽约股票交易所的龙头老大。他的家族来自康涅狄格州,因为他在世的时候非常杰出,所以过世时《纽约时报》还发了他的讣闻。

在亚洲,"人皆有一死"这种特别的认知,很少和教育过程产生联系,但在找到这个人的故事,亲自说过,要我描绘人性与生命的意义时,还是觉得有困难。这是一个我从来没有见过或者认识,也永远没有机会认识的人,还是通过了一连串的互相联系,或者说纯粹只是通过命运,在我出生的几十年前就创立了一个信托基金,并让我在2007年受惠。到头来,我们都只是过客,是这世界的短暂访客。很快,我会和其他九百位兄弟姊妹一起毕业,就像是我之前的成千上万,以及之后的成千上万人一样。在我出生之前哈佛商学院就存在了,在我离开人世之后,它依然还会存在,就像我的赞助者一样。然而他的遗产会留下来,嘉惠一代又一代的新学生,其中包括像我这样的陌生人。

回想起来,我自己经常想这是哈佛鲜为人知的一面,每个人都知道这名号,忌妒美国史上有权有势的家族;每个人都会描述在奢华大厦和豪华邮轮上所举办的魅力十足的黑领结宴会。然而只有那些收到特定赞助信函的人会充分了解什么叫谦逊,这是很少人注意到的哈佛，也是捕捉到哈佛最细腻本质的一面。确实如信函在末尾所提到的，我应该要记住这一点。

故事二：男孩和他的领带

2009年3月左右，我接到我Polo Ralph Lauren前上司Evan发来的一封电子邮件，邮件中问我最近是否愿意花一两个钟头，见见他的一个申请到哈佛商学院2+2课程的年轻朋友。2+2课程是个新课程，是开给少数杰出大三生申请，保证在他们大学毕业，工作两年后，一定接受他们入学。所以他们会在二十四岁那年注册。他目前仍是哈佛大学四年级的学生，想要多知道一些哈佛商学院的经历，以及接下来的几年如何做好最充足的准备。我说没问题，并传了一封电子邮件给他的朋友。接下来那周，我们就在哈佛广场星巴克碰了面。

这故事的重点何在？呼吸了哈佛商学院校园的空气，在这里生活了两年，和无数哈佛商学院同学谈过他们先前的背景，以及他们如何申请到入学之后，很快，我就注意到一个模式，就是每当我和哈佛商学院的同学，或者刚申请到入学许可的学生头一次碰面时，我们经常问彼此的第一件事就是：你有什么故事？你做了或经历过什么特殊的事情？几乎每个人都有。事实上，要进入哈佛商学院，几乎必备一个特殊故事。仅是考试得高分，全拿A，做模范生在这竞技场里是不够的，那完全没有特殊之处。

他先问我，有什么样的故事？我在二十岁的时候写了一本书，而且是在与出版业既没有任何渊源，也没有经验的情况下，想办法说服了一家出版社在亚洲市场出版，两年后又再版一次，在《台北时报》开了一个专栏，那是我特别的故事。简单，写一本书，开一个专栏，追求媒体梦想，完全靠自己，二十岁。

然后换我问他，他又有什么样的故事？

他在纽约市长大，一直都是上私立学校。美国大部分私立学校都要求穿制服打领带，他念的私立学校也不例外。当年他十五岁，他发现，虽然自己年纪小，对流行却有着强烈的兴趣，特别喜欢设计和制作自己的领带。上高中时，他已经是打着自己做的领带上学。有天他灵机一动，为什么不设计很多领带，请纽约附近的成衣厂缝制，然后试着拿到第五大道的精品购物中心去卖？接下来他真的那样做了。

如何创立自己的品牌？按部就班地开始下一步。他做了十几种不同的设计，接下来找成衣厂，付钱请他们根据他给的设计图样制作领带，就像 Calvin Klein 和 Ralph Lauren，他用自己的名字为这些产品命名。接下来列出第五大道上他理想中想要寄卖他领带的顶级精品购物中心清单，亲自联络或是问朋友以及家人的朋友，看看他们有没有这些购物中心的联系方式。第五大道上的高岛屋精品店同意见他，听听他的销售计划，所以这十五岁的小小高一生赴了约，随身带着一整个公文包的领带样本。一个小时后，他走了出来，世界时尚之都纽约市第五大道上的高岛屋精品店，同意先买一千条领带，看看销售得如何。

结果一个月后，全数卖光。等到他大三向哈佛商学院提出申请时，他的顶级奢华领带产品已经进驻美国各大城市的高档购物中心和精品店。几年前，一个偶然的机会，日本一家大进口商暨批发商来到美国，看到了他的领带，随即联络这位当时刚进大学的年轻设计家，并达成协议成为这品牌在日本唯一授权的经销商。这位日本代表和日本时尚圈颇有渊源，帮他大力促销，在日本版的《GQ》杂志上写了很重要的一篇促销文章，还刊出这名哈佛年轻大学生整页的照片，介绍他设计的一系列领带。这些全发生在他二十一岁之前，而他甚至还没有大学毕业。

　　他差不多就在那时候认识了 Evan，Ralph Lauren 本身一开始就是以男性领带开启了整个品牌和帝国，并且因而成名，所以，Ralph Lauren 自然一直是他的灵感的来源和模范。他在 Evan 还在 Polo Ralph Lauren 纽约市旗舰店经理部门工作时与他认识。我问他对于自身产品往后的计划是什么。他提及进入男装和扩展事业的可能性，但既然这件事已经发展得相当好又稳定，他在想未来的两年是否该先找一家大公司工作，取得更扎实的工作经验以为企业管理硕士课程做好准备。

　　我跟他说了哈佛商学院上课的经验，并对他应该依据工作经验和学业两者做好准备给了一些相关建议。最后半小时我们聊起流行趋势，毕业后要做什么以及 Polo Ralph Lauren。我祝他好运，并约好未来保持联络。

　　十分钟后，我坐在宿舍桌前，整个人迷失在思绪里，三十分钟后仍然如此。

我心想，哈佛商学院里人人都有故事，我在二十岁那年出版了一本书，他在十五岁时创造他自己品牌名号的高档豪华领带，现在他二十一岁，管理着自己的国际产品，还上了日本的《GQ》。我暗自笑起来，原本以为二十岁算年轻呢。

"我的天哪！"我大叫，心情混合了好玩、佩服与挫折。

什么是哈佛商学院？什么是哈佛商学院学生的定义？外国人或常春藤联盟的企业管理硕士，与一般被亚洲教育塑造出来的学生有什么不同？这次的星巴克会面是最好的例子，他的故事是最棒的说明。

对大部分亚洲学生，或是不管从哪里来的大部分学生而言，开创领带产品，然后去敲第五大道上的豪华购物店的门，听起来都是疯狂、不可思议的。

你怎么会开始创造自己的流行品牌？你自己的领带产品？过度保护我们的父母会朝我们大叫，说我们想这种没有意义的蠢事是在浪费时间，我们应该把时间全部投注在学业和即将来临的入学考试上。坦白来说，我们从亚洲学校多年教育中学到的，大部分是这样的教导：我们并不特殊，我这个人什么都不是。我们改变不了世界，我们治疗不好癌症，我们不会变成总统，而人生的绝大部分时光，我们连试都不应该试。

不要对自己太有信心。在亚洲文化中，对自己太有信心会被视为没礼貌。你并不比你其他同学特殊，应该循着大人帮你定的规则走。不要问问题，不要质疑，不要抗拒，做好你的功课，好好考试，拿高分毕业，找个稳定的工作，结婚成家，不要打破传统规则。

然而，我在这里面看到最好的范例是什么？哈佛的不同点是什么？那就是，我这个人什么都可以做，只要我开始尝试，每件事都是可能的，因为要是我不试，我会失败，并留在原地。换句话说，尝试根本毫无风险。如果我相信我自己，我就应该开始做、研究，然后采取行动，相信你自己。没人告诉你这是不可能的，鼓励你去试，甚至去追求，要是你仍然相信你的梦想，相信你的能力，那么不管别人怎么想，你会因为尝试而受到尊敬。

我又听到了同样的故事，在十五岁成为精品品牌设计师，在二十四岁时设立基金，帮助非洲贫困儿童。以亚洲教育心态而言，这些不过是我们跟学童开玩笑的牵强神话，没什么机会成真。

当人们问我"哈佛是哪一点如此特别、有什么不同"时，这正是我会告诉他们的故事。这就是不同之处，这就是为什么他们会有高一学生创立了自己的精品品牌，这就是为什么在东方受教育的学生势必不会如此。这里该问的大问题不是他的设计有多好，或者他的布料有多惊人，因而造就了他的成功。不，我们需要问自己的问题是：我们的教育价值、期待和游戏规则为什么会那么不一样，以至于他有勇气和创造力去尝试，并且一开始就去叩第五大道购物中心的门？而我们不会做，我们不敢？

我们不该忘记这一点。

故事三：一位法国同学和他的非洲基金

哈佛商学院二年级时，我开始每周固定一次和 Emmanuel 在加勒廷馆的大厅玩撞球。有次结束后，我们聊起在毕业前想要追求的个人计划和休闲活动，这是我第一次向他提起，我要设立台湾模拟联合国基金会的初步构想，以回馈他们让我在大学期间有那么多的收获。但是，我说创立一个慈善基金是件大事，需要大笔额外资金，我们要到三十几岁，甚或四十几岁时，才可能有这种能力得以捐赠和创立基金会，前提还得证明事业已经成功才行。

"不，谁说的？" Emmanuel 应道，"你现在就可以设立你的基金，有什么阻碍到你？ 每个人都可以创立基金会，那和你年纪多大及赚多少钱根本没什么关系，我在二十四岁那年就创立了自己的非洲学童基金会。"

他继续解释说："当时我在德勤担任顾问，被派到非洲一个小部落去做为期一个月的顾问企划。那个月里，我注意到某个村落竟然穷到学童上学时没有纸和文具，没有人供应得起任何东西。他们就只是去上学，老师教的能够记住多少算多少，这很明显阻碍了他们的学习，村落内外几千名学童都一样。"

他回忆说："一个月的案子完成后，我离开非洲回到了欧洲，可是非洲学童的影像紧跟着我。在做了些研究后，我发现只要几千块美元，甚至一年只需要几百美元，就可以供应整个城镇或村落，让几千名处在那种贫困情况中的学童一年都有纸和文具可用。这不是什么了不起的大事，需要几百万美金或企业大亨来发起，我明白每个人都办得到。当你看到第一手的问题并了解到任何人都可以解决后，很明显，接下来的问题就是，为什么不能由我来做？为什么不是我？"

他继续告诉我："接下来几个月，我集合了同事和管理顾问生涯中的熟人，在欧洲创立一个基金会，花了将近一年时间来组织，以及完成所有的相关需求。接着我们开始募款。我们的目标很简单，一年一万美元，理事会很小，不到十人，而每年当我们向私人企业、政府机构和善心捐款人士筹到了目标基金后，就把钱电汇给信任的非洲熟人。简单地说，一年只要一万美元，就解决了那个我亲眼所见非洲儿童年复一年必须面对的问题，基金会的名称也很简单'人人有纸'。"

他用那么平静和轻松的方式讲完故事，以至于我可以发誓，他的形容好像只是如何成立小区的一支棒球队那般容易。再一次，我发现自己在宿舍里，坐在桌子前，茫然地看着我的案子，迷失在思绪里。

在大部分人的成长过程中，"拯救非洲贫童"这种装饰有力话语的口号，像是一种不真实的抽象概念，就像是我们小时候会说，这是等到我们变成总统、世界领袖或世界首富时才会完成的目标。就像个笑话，不是我会随意和一个二十四岁的年轻人联想在一起的事情，也绝对不是我会拿来和身边任何人连接在一起的事情，更不用说是我在哈佛商学院最亲近的朋友之一。

然而他却做到了，而通过他的嘴，在他的话语里，这件事好像再简单不过。只不过他到了非洲，看到了问题，明白每个人、包括他自己在内，有办法改善那个问题。他没有逃避，没有视而不见，而是成立了他自己小小的基金会，从此影响了数千名非洲学生，就这么简单。

或许在亚洲，做学生的经常听到人家说我们是没有力量的，身为一个个体，我们的影响力微弱到根本没有办法进行任何有意义的改变。我们最理想的成功状态是管好自己的事，考第一名，成为老师、医生或教授，这些职业在亚洲会受到他人尊敬，因而全被视为最"纯洁与高尚"的工作，不会有什么道德和私人的风险，不怎么需要我们迈出脚步、打破规则、带头来改变世界，不论那改变是多么微小。在我们的概念里，所谓的成功是赚得财富，让自己和家人繁荣兴盛，同时避开社会问题和灰色地带的道德争议。

或许如此，到最后这许多都归结于文化议题、家庭包袱。但或许我们也可以争辩说我们和世界任何人一样，不管这些问题和议题多么微不足道，我们就是边看着边继续过日子。用知识、文化和社会包袱作为什么都不做，作为装瞎故意看不见的理由已经太久、太久了。

坐在宿舍的那个下午，我厌恶地想着，现在连我都感受到明明特定的问题都看见那么久了，却说服自己什么都不做的罪恶感。当我二十四岁时，我脑中唯一的想法是：什么时候可以服完兵役，重新获得自由，我肯定可以进入好的企业管理硕士学校，以及我们可以把和大学朋友同游泰国的假期延到多长。非洲和它的问题是另一个世界的事情，尽管我非常同情，但和我也没有关系。那份天真已去，我痛恨那些，但简单的事实却是：再一次，另一个哈佛经验，另一个哈佛商学院同学把我逼到了解和责任的边界，而我对世界原来的理解和我在其中的角色要再度面临痛苦的改变，一个人在听到和自己差不多年纪的人当面说完这些故事后，要如何说服自己无能为力，然后选择什么都不做？

我痛恨这种持续性的压力，这种持续性的挫折，这种老是被甩在后头的感觉。但我深知：这就是哈佛经验和它的核心，那是我们何以在头几年要付高额学费及受尽劳累的原因。

我停下来深深思考我的基金会，我们很少会真正思考是什么阻挡了我们去创造一些事情、去踏出第一步。如果真正用心去想，把计划一步步做出来，可能会很惊讶地发现：实在没有太多事情是无法解决或克服的，只要花几分钟真正地想一想就好。

现在我要为台湾的大学生，尤其是那些财力较弱的学生创办一个基金会，有什么阻碍在我面前吗？

没有。

我自己的故事

最近的经济危机和对管理经营不当排山倒海的抗议,有些还是出自哈佛商学院的校友之手,使得在2009年以企业管理硕士的身份毕业成为一件非常有趣的事。当你提到哈佛和企业管理硕士,有时陌生人的第一个反应就不那么正面。取而代之的,经常是马上瞪你一眼,判定你是一个享受过度特权、能力被过分高估的年轻小伙子,无法百分之百信任你。

通过这段叙述,如果我还是说得不够清楚,那么请容我再度确认:在许多方面,我完全理解,也会同意某些评论和刻板印象经常让哈佛商学院毕业生黯然失色;我承认,今日我照镜子面对自己时,经常会想到哈佛商学院非直接影响我所呈现出来的一些坏习惯或者特性。

然而我还是会第一个跟你说,这辈子每当我回头看过去两年在哈佛商学院的日子,至今它们都是我这一生最具影响力及塑造我的岁月,而且是以非常正面的方式。

今年暑假,我终于有了新故事可以拿出来说。展现我在哈佛商学院所学的成果,从持续不断的演讲及案例研讨中充了电,哈佛商学院毕业生应该追求梦想,应该心怀远大,最后又受到前面三个故事所激励,如今哈佛商学院对我更是潜移默化,灌输给我更加强烈的自我强化、勇气和谦逊。最后我决定就在2009年6月回台湾期间,着手进行两项试验。

一旦展开了新的旅程，一个人经常就会发现，事情往往不像一度所认为的那样艰难或者深奥。

混合运用了哈佛商学院认识的熟人、我自己之前的出版经验，以及哈佛商学院教我的自信与磋商技巧，在停留台北的一周间，我成功地和许多亚洲主要出版社发行人见了面。在一个字都还没有真正写下之前，就签下了一本书的合约，单靠个人的企划和说服技巧，而且为未来世代的台大学生成功创立了一个非营利性的模拟联合国推展协会。

身为模拟联合国推展协会的创办人及现任理事长，现在协会可以提供奖学金和助学金，支持有天分、对于智识追求充满热情，却无法参与国际会议事务的学生，他们或是受限于花费年年愈来愈昂贵的现实生活，或是囿于台湾艰巨程度不断攀升的社会及经济因素。同时，它也提供了一个沟通平台和校友及熟人的数据库，协助及提供消息、参考信息和资源给将来有兴趣通过此平台参加更多的国际性相关活动，或是日后更可以通过此平台开创自己的事业，来增进自身能力的学生。

很多哈佛商学院台湾校友在创立这组织的过程中提供了协助，有些甚至担任了现在的理事会成员。此协会的创立，还有我能成功卖出这本书的提案，可能是我在哈佛商学院学成经验的最好象征。表面上，它们代表了企业敏锐和社会成熟的新混合，以及同时运用它们的自信。然而就一个更深层次的认知而言，它们也代表着哈佛商学院教给我最棒的课程：记住你的根；珍惜你现在所拥有的；记得回馈那些你之前认为理所当然而接受的一切，并且持续贡献比个人更重要的一些事物。这将是我新的开始。这些都是哈佛商学院经验结果最好的象征，而且引导我在哈佛商学院故事这一章接近尾声的时候，创造了我生命的新章节、创造了我的新故事。

几天前我跟一名经销商买了生平第一辆车子，因为几天后上班时，我每天开十五分钟的车去公司，所以一定要有车。在美国，按正常手续完成买卖之后把车开走，在此之前仅是签署文件、车商责任解释、保险和信用调查等要花上好几个钟头。因此等钥匙交到我手中，说我可以把车从车商那里开走时，公司会计已经熟悉我大部分的资料，包括我的学生证复印件、在哈佛商学院两年的成绩以及三丽鸥的任职信函。

"哈佛商学院？"她最后再看了一遍我的文档说，"你是个非常幸运的年轻人，这年纪就可以坐在这里，握着哈佛企业管理硕士学位，在世界上大部分的人还在为明天的开销和昨天的债务担心的时候，你就要展开你的事业，你远远地超前于其他人。"

"噢，是的，我一直都很幸运。"我说着站起来，拿起我的文档朝门口走。"但是现在对身为哈佛毕业的企业管理硕士是个奇怪的时机，你知道在我们一百零一年历史中，我们是第一班在参加典礼时，宣誓不把个人利益摆在公司和社会利益之前的吗？"那说明我们当下所处的环境，以及面临的考验。

她把其余文件和新车钥匙交给我，微笑着说："这个嘛，既成的事实已经无法改变，确定的是，有很多人吃足了苦头。但那是过去的事了。今天你才刚要起步，而你得到的机会和资源是大家几乎只能梦寐以求的。别忘了，善用这些经验与资源，好好去回馈社会，做点好事。"

我朝停车场上我那辆簇新发亮的新车走过去，按下遥控锁，车门发出哨声开了锁。加州温暖的阳光穿过树叶，而太平洋的凉风舒服地吹过我的发丝。坐进车子时，我特意花了一秒钟看看周围，耀眼的车子在阳光下闪闪发亮，远方安抚人心的森林和山丘把海挡在我的视线之外，而在遥远的地平线，旧金山依旧热闹、繁忙及等待着，那里还有车潮、人潮，周遭的市民忙着收支平衡、送他们的小孩上学，期待着更好的明天。我又想起那个说法：在一天之末，你从哪里来、你的国籍是哪里、你认同哪个民族并不重要。以我们的情况来说，从哪个学校毕业也不重要。人人有着同样的梦、同样的恐惧，以及对于未来有着同样的憧憬。

"善用这些经验与资源，好好去回馈，做点好事。"我确定这些话会一辈子跟着我，不过同样的话也可以套用在人生的任何机会上。我把哈佛商学院的学生证塞进牛仔裤，坐进车子里，一个新的阶段就要开始了。

当过哈佛商学院的学生既是一辈子的特权，同时也是一生的责任。善用这些经验与资源，好好去回馈，做点好事。

后　记

从一场法国婚礼谈起

我被三丽鸥聘请之后，三丽鸥老板也聘请了我的同班同学 Emmanuel，他是法国人。我们两个都是老板的哈佛学弟。后来我在三丽鸥待了快四年，但 Emmanuel 因为欧洲与日本的企业文化冲突，他觉得沉闷而无法适应，所以一年半之后就离职了。但我们俩一直保持着联络。他是我毕业之后，关系比较亲近的几个同学之一。在他离开三丽鸥两年多之后，我也离开了。

2016 年底，我们一群同学飞往法国南部的一个小镇，参加 Emmanuel 的婚礼。三天两夜的婚礼，星期五见面，星期六婚礼，星期日 Party，我顺便去巴黎度假。

坦白说，那十天的欧洲之行，有几件事让我倍感压力，因为婚礼当天是 2016 年年底了，转眼我已经从哈佛毕业六七年了。以那个时间点来看，有两个重大里程碑：一个是毕业后的五年同学会，另一个就是创业。

哈佛给我的归属感

对我来说，2014 年是第一个里程碑，那是我毕业后的五年同学会。那时我没有参加，因为当时我正准备辞掉三丽鸥的工作，搬回台湾，并开始准备创业。那几个月，既没有时间也没有钱，更没有精神专程飞去波士顿参加同学会。而且同学会还安排我们有一天要回到旧教室上一个案例课，同时也为了了解毕业五年之后，大家到目前为止的状况。

过去这六七年，我和同学之间的联络零零散散。我在纽约实习，去旧金山工作，或是被外派到上海，到了陌生的城市，反射习惯就是去找哈佛的同学、找校友会的人脉，大多是这类的聚会。尤其在上海或香港都有很多哈佛校友，所以每几个月与三四个同学，或是一年几次与五六个同学碰在一起是蛮正常的。

总之，我飞往法国的前几天持续感到焦虑，因为我没有参加五年同学会，所以这次婚礼算是我毕业六七年来第一次参加较正式的同学会。行前，我心中百味杂陈，就好像有五六年没有见到外公外婆、爷爷奶奶或那些曾经很亲近的朋友，仿佛一起当过兵但多年不见，不知道现在见面的感觉如何。

许多哈佛校友说过，相较于十年同学会，五年同学会是百味杂陈的。因为五年，同学们差不多是三十五到四十岁左右，这时事业正要开始，正在迈向未来高峰的路上，有人或许刚结婚，有人或许已经有一个小孩了，等等。但大家还是年轻人，五年后第一次见面，难免还是会有暗中较劲的意味——这五年来，谁升到什么职位、谁升合伙人、谁是第一个百万富翁、谁最有影响力……

但是，到了十年同学会的时候，大家或多或少在社会中吃过亏、失落过、经历过一些大起大落了。这时大部分同学已经四五十岁，小孩或许已经十岁，每个人都有了不同程度的压力，家庭或社会的现实让彼此彻底长大了。所以很多人跟我讲过，十年同学会反而是最舒服的。好像你从小一起竞争的弟弟或妹妹，

后记
从一场法国婚礼谈起

现在大家都是大人了，都接受了现状，也没有什么好比较的了。

总之，因为错过了五年同学会，所以我要飞去法国的时候，心情既兴奋又带点紧张。兴奋的原因是，名单中有四五个是我在美国或亚洲几个国家时，偶尔会见到面的同学，还有五六个分别来自法国等欧洲的同学，是我毕业之后完全没见过面的，这是让我紧张的原因之一。

婚礼在周六下午举行，地点在法国一个偏僻小镇的百年教堂。那天，我带我女朋友远远地走过去的时候，看到几个毕业后偶尔有见面的同学，很自然地互相握手、拥抱。我们几个比较早到，就坐在右边的男方亲友席。过了五到十分钟，同学们陆续来了，然后在自己较熟的同学附近坐下。不太熟的同学们也会拥抱一下，打个招呼。我女朋友坐在我右边，我的左边坐一个印度人，后面坐一个美国人，美国人旁边坐了一个巴基斯坦人，前面坐一个欧洲人。虽然我有点紧张，但看到同学还是非常开心的。大家坐下之后，典礼就开始了，所以还没有太多时间讲话。那是一个古法式婚礼，大家穿着正式西装。新郎新娘，一方是传统的法国基督教徒，一方是希腊正教，我不记得谁信仰哪个教，但他们尊重彼此的信仰，特地找了一个教堂，分别邀请两个宗教的神父，先进行基督教、后希腊正教的仪式，过程很温馨。

典礼一开始是讲法文，下半场讲希腊文。我猜的啦，因为没有人听得懂希腊文，大家开始互相看来看去，没有人知道到底在讲什么，然后有人拍了一张照片传给大家看，说"你看，多帅啊""你看，变胖了"，接着大家就开始闹了。典礼进行到一半，我不得不承认有几分钟，我一直在偷笑。我感觉得出来，我的同学也在笑,好像我们又回到学校了。不管你来自哪个国家,你身在异国他乡,当地文化又是你不了解的,但当你东张西望时,就是有那么几分钟,我又回到我觉得哈佛最棒的地方——没有人在乎你来自什么国家,没有人在乎你什么肤色,没有人在乎你什么背景,因为你曾经来过,因为你被学校接受过。那两年,你们就是一个家庭。那种感觉,我又找到那种感觉了,非常奇妙。

这十年来,我去过太多国家,搬过太多次家,我从国中搬回台湾到念大学,或多或少一直有种身份上的困惑(到现在其实都是)。十八岁上大学时,我一直以为我会找到答案;我一直以为,有一天我到美国时,会感到百分之百的舒服,觉得我回美国了;或是我去什么国家时,我知道我是谁了。等我过了三十岁,我的结论是,这个答案无解。不管待在什么地方,我永远都有一种外人的感觉,会有一种受不了想要离开或是坐不住的感觉。

在婚礼进行的那个当下,我感觉是很好的。在那个时刻,你会觉得不管后天我们会飞去哪个国家,都不重要了,那是一种奇怪的归属感,就好像昨天才毕业的那种感觉。

我一直记得当时那种感觉。虽然大家都不知道希腊仪式在讲什么,但是画面很美。这就是出国留学最美的一刻,一群来自四面八方不同国家的人,每个人说着不同的语言,每个人的背景都不同,但是大家从全世界飞来,就为了向一位同学的终身大事献上祝福,即使一句话都听不懂,仍然是很棒的美好。

晚宴时,哈佛同学坐了两桌。等吃饭时,大家比较有时间聊聊谁在做什么。那天晚上坐我左边的同学一毕业就被挖去麦肯锡,在新加坡一个很大的避险基金上班。坐我右边的同学是印度人，他毕业后去管理顾问公司，三年前自己跳出来做印度的 E-Commerce，类似印度亚马逊。其他人在银行业、高盛等，有的已经做到合伙人。听完之后，我很惊讶的是，我算是早创业的，一桌十个哈佛同学，连我在内，已经有三个在创业了。有一个同学为印度避险基金工作，他问我，什么情况下要离开，要怎么离开还能跟老板保持良好关系，要怎样开始第一步，因为他想要出来成立他自己的避险基金。令我非常惊讶的是，他在避险基金已经做到年薪约一千万台币了，职位已经比我还高，他还要离开，然后重来一次。另外一个同学也是在大公司工作，但他半年内也要辞掉工作自己去创业。

创业，勇敢归零

在哈佛的时候，我就听说过，平均十个哈佛毕业生会有五个自行创业。我知道这个数字，也知道同学的个性，所以并不特别意外。在那次婚礼上，我赫然发现大家已经快要往那个方向走完了。十个人中已经有三个在创业了，还有两个即将在一年内加入。那个说法是真的，我的感觉是什么？

第一，我不孤单，我知道自己不是神经病。亚洲社会、亚洲的家长或长辈都会说："为什么你已经做到外商主管了，还要全部推倒重来一次？"这或许是一件很奇怪的事，也是我经常被问到的问题，但至少一起像神经病一样做事情的，不只我一个。

第二，我毕业那一年是 2009 年，那是金融危机的第一年，经济很不景气，所以要创业很难，投资人的钱也不多；因为经济不景气，我那一届大部分的同学，就业方向是与其去银行业、顾问业，不如去一般公司，例如 Google、Apple。但我印象很深刻的是，毕业五个月后，我上班的第三个月就收到一位同学的群组e-mail，说他创业了，在网络上卖汽车保险。这是一种破坏式创新，顾客不用到保险公司去买汽车保险，而是根据你一年所开的里程去计算保费。

那时候我才二十六岁，刚上班不久，就收到这封e-mail。天啊，已经有同学"开第一枪"了，然后我开始有压迫感。过了半年，又有第二个同学跳出来要做网络dating（红娘）方面的创业，他是我们班长。这就像收到红色炸弹一样，当你收到第一封，你会笑一笑，怎么会有人这么早结婚，一定是意外或什么之类的。等收到第二封、第三封时，好像就代表"真的开始了"。毕业一年之内，我就有三个同学开始创业了。然后，不幸的是，这三个同学的创业都在半年、一年内就结束了。走得比较远的是那位班长，印象中，他有拿到VC（创投）的种子投资（Seed Round），但最后还是没能做下去。虽然他的创业点子没有成功，但是他被VC挖走了。我要离开旧金山时，还跟他吃过一次饭，那时他已经在创投工作了。

这件事的重点是，虽然我满意当时自己的状况——我在跨国大企业工作，我二十六岁已经在美国公司当经理人，但是陆续收到三封e-mail后，我既有压迫感又很羡慕，因为由衷地知道我只是在"演"一个商界人士，而这些人是跳下去"当"商界人士。他们是玩真的，而我没有真刀实枪的感觉。这些人是真的上战场，也许最后战死了，却是值得尊敬的。

我内心有极大的负疚感或不确定感，因为在食物链中，你要做的是证明自己的能力，在世界的历史上打一个凹洞，几乎不会是替别人工作,替别人上班、领薪水,万一被解雇就换一个工作。我们在哈佛念书时到毕业之后都会有这种氛围,明白既然我们很幸运,拿到了很多资源,学校也整天对我们说要改变这个世界,要有正面积极的影响力。然而,位于食物链真正最高点的是,敢跳下去创业的人、敢反抗自己命运的人。

第二条路,可能是去高盛、去麦肯锡、去Apple等大企业做到高级主管,也非常棒。但是,我们每个人内心终究都承认,那是好听的说法,难听一点就是做雇佣兵。我们是专业经理人,拿别人的钱帮别人赚更多钱,就是雇佣兵。我在跟班长同学吃饭的时候,我很震撼、很羡慕,因为他拿到了种子投资,居然有投资人愿意把钱给你去创业。这代表他不是神经病,代表终于有同学已经成熟到硅谷有人愿意拿钱去验证他的想法,这是多大的一种认可。当时我想,这离我好远好远,我距离那一步还早。

但反过来说,创业代表没有底薪,没有红利,没有保险,一切归零。我同学在创业时是开最烂的车,没有薪水,开始花光他的积蓄,过着最寒酸的日子。大家聚餐时,他也会开玩笑说"我这个礼拜的生活费只有一百块美元,要省吃俭用""睡在别人的沙发上好丢脸,我都哈佛毕业了,现在还睡在别人的沙发上"之类的话。创业是一体的两面,真正在做这件事的人,会穿着夹脚拖鞋、短裤,从互联网走出来跟你开玩笑,跟你说这样的话。而在企业工作的人则穿得光鲜亮丽。微妙的是,穿西装佩戴昂贵手表的人,内心其实很自卑。因为我知道,其实你才是真正有勇气的那个人。我永远忘不了那种感觉。

时间退回到三年前。一转眼,我经历了美国、上海的时光,开始创业了。我创业，接着外国投资人、硅谷投资人、亚洲国际投资陆续进来了。当这些真的开始运作的时候，我遇到昔日的同学，他现在已经是某个投资银行的 partner（合伙人），他穿着高级西装，戴着劳力士手表，一身亮丽行头，他跟我说："我也想创业。"那种感觉真的很奇妙。

离开小镇，我搭飞机去巴黎的时候，我知道之前的焦虑是多余了。我很享受那两天的时光，但如果延长到五六天又太长了。就像家族聚会，两天是最美妙的。三五年聚一次，留下一段美好的回忆，你知道同学都没事，大家都很好，叙叙旧，然后等到下一次的聚会，也许明年还有同学的婚礼，大家又要分别飞往新加坡之类的那种感觉。

离开的时候，我有一种充了电的感觉。有人会问，这场婚礼跟我念哈佛商学院有什么关系？简单来说，一、到目前为止，它是少数几个给我归属感的场景。二、勇敢去追求一件事情是很棒的，是一个你不用故意谦虚或是你要假装你不是谁的事。有梦想就去追，失败了，没有人会笑你，因为大家都知道你勇敢做过了。即使我们是竞争者，见面时也要握手、拥抱，不管你来自哪个国家，都会相互尊重。

哈佛给了我尝试的勇气，给我一群也用同样眼光来看世界的人，让我的视野变得很开阔。你不再用国家或是种族认同看世界，不会有政治立场的差异、肤色不同和贫富差距。这些同学也没有谁是富二代，不管来自哪个国家和哪种家世背景，有梦想就去试。那种归属感是很棒的，是一种很解放的感觉。充好电了，飞回家，再去创业吧。

就是那样的感觉。

分享与传承

回想在三丽鸥上班那三年半，虽然有很多压迫感，甚至到现在，我创业了，承受的压力都还没有在哈佛念书那时高。我觉得进入哈佛最大的收获是，当时学校已经把我逼到我的极限，相较之下，毕业之后上班的压力都是可以忍受的。不管是我二十六七岁在美国工作时，老板会二十四小时打电话给我的压力，还是二十八岁去上海时，要负责跨国公司在中国地区的营运与决策。虽然有半夜回家要呕吐、心悸、看医生等状况，但是哈佛的训练足以让我面对极度压迫的抗压性。它让我在办公室不发脾气、不失控，遇到事情能冷静应对。哈佛那种高压的学习环境，确实让我有充足的经验和能力可以适应外面的社会，甚至超出社会的要求。我是被外派去上海的，在上海有上千个哈佛校友。在美国，如洛杉矶就有更多哈佛校友，定期举办聚会、哈佛校友会之类的活动。所以哈佛确实提供了充分的外援与人脉。

我搬回台湾这三年半，发生了一些很妙的事。因为台湾去哈佛念MBA的校友，历年总共有七八十个，其中一半以上不在台湾。所以在台湾的哈佛校友会，会出现的那些固定脸孔才二十几个，久而久之每个人都认识了。因为我是这群台湾哈佛校友里年纪比较小的，所以几乎每次校友会办活动，我一定会被找去，因为他们想要有年轻的新人。一开始，我还觉得新鲜奇妙，久而久之，因为各式各样的活动我都要去，他们说我不去就少一个年轻的沟通视角。这也是好玩的一部分。

到了第二、第三年,一般大众(非哈佛校友会的人)陆续知道我搬回台湾,或知道我住在台北,然后知道我在创业了,开始出现两个现象:第一,每一年申请上哈佛的人,九月要飞去波士顿开学之前,会跑来找我,问有哪些需要了解的事,像是经验传承之类的。时间飞逝,还记得我才二十六岁正要毕业,是我要来台湾找校友的。转眼八年了,我已经变成二十六岁的年轻人要咨询的校友,彼此只是打个招呼。两年前,他跟你打招呼;两年后,他哈佛毕业了,要去香港,又写信来,问你在香港有没有认识什么人。在哈佛校友之间,这是非常正常的事情,是简单的。

近一两年,更妙的是会有外国人来中国台湾寻找哈佛校友。我遇到过两种情况,一种是,他申请上哈佛了,想提早辞掉工作,来台湾当实习生见习,就去搜寻哈佛的人脉。前面说过我是少数年轻的哈佛校友,他不太敢去找年长的校友,Google一下我的数据和公司,接着写信来问我是否可以让他来实习。转眼间,我变成我的Polo Ralph Lauren老板那样的角色了,这不就是我前面文字中提到我要去Polo Ralph Lauren时的那种感觉吗?当年二十五岁的我遇到了那时三十八岁的Polo Ralph Lauren老板。八年后,完全一样的情境,从一两年前就发生在我身上了。

暑假尤其常会发生这种情况。有完全不认识的美国人写信来问,他下下个月才开学,有一周的时间,他想要来台北绕一下,是否可以来我的公司实习两天。我说"可以"。他来了,我们互相介绍,聊聊天,在一起吃个饭,他就回去了。之后我们可能再也不会见面了。另外,今年四月,有个叫Alex的英国人,突然写信给我,说他在台湾的哈佛校友会名单中找到我,想问今年暑假我们公司会不会有实习的机会。我跟他skype了两次，简单了解过他的背景，他今年二十七八岁，从小在英国长大，通识课程学中文，会讲流利的中文。他一直都从事银行业，在花旗、高盛待过，是很厉害的银行家。在申请哈佛的前半年，他刚好来台湾联电创投上过半年班。他说他很喜欢在台湾的那六个月，MBA毕业后的目标就是要来台湾工作。他跟我skype了三次，对台湾的薪资、各方面问题都清楚之后，他还是愿意来。在他硕一升硕二时，已经有高盛银行纽约分行的Offer要让他去实习。他想浓缩实习时间，然后八月飞来台北上班，到九月开学为止。因为我们明年本来有规划要聘用一位财务长，在台湾很难找到一个有金融背景又国际化的人，来做新媒体的募资或IPO（股票首次公开上市）。我本来就在烦恼这件事情，结果他主动出现了。而且他愿意在高盛银行的实习，到台湾来试试看我们共事得是否愉快，我也可以到时候再决定是否聘用这个人。就跟我的三丽鸥经验完全一样，不是吗？我当初在Polo Ralph Lauren也是如此，两个月结束之后，我就去三丽鸥一个月，他就变成我后来的老板。

从我的角度，我当然会铭记在心，当年我那些校友对我的无偿支持，所以如果有哈佛学弟妹要来实习，只要双方没有任何不方便，都没有问题。

还有一个是美国人，我也完全不认识他。他来台湾玩三天，第一天我介绍了几个朋友跟他一起吃饭。隔天带着他和我太太一家人吃饭、看电影，之后送他去搭乘捷运、道别。我岳父母问我："你跟他很熟吗？"我回答："不认识，从来没见过，而且我们可能再也不会见面了。"

这就是哈佛校友之间很微妙的感觉，就是回到法国小镇教堂的那种感觉，我们可能五年见一次面，也可能这辈子再也不会见面，但是我知道你在想什么，因为那时候我也曾想过——我知道你在进入哈佛之前会有那种幻想，你加入一个大家庭了。当年我还进哈佛之前，我的学长们让我有这种感觉："喔，你进来了，你是校友了，不管你来自什么国家，不管你几岁，不管你什么背景，欢迎。"我跟那个美国校友碰面三次，虽然我那时候创业穷得要死，但吃饭是我付费。但是，它就是一种精神的传承（pass it on）。

上个月，我们公司《华盛顿邮报》的投资人，在纽约布鲁克林举办第一次的三十个子公司见面会，也可以说是投资目标见面会。四年来，他们在世界各地投资了三十个不同的新媒体。三天两夜的小型见面会，让世界各地的大家分享交流、互相认识。在我被派去上海，离开美国之后，五年多来不曾回过纽约。在我回纽约前夕，心情有好奇、有怀旧。

下了飞机，我走在纽约，故地重游，刻意搭地铁、走路，走去华尔街、中央公园，去我曾经熟悉的地方。我想起我应该写信给我的老板，因为离开实习后，我只偶尔会用 e-mail 礼貌性与他联络，但是没有见过面。出发到纽约前两个礼拜，我就 e-mail 给他，我们约在我下榻饭店对面的匹萨店。到纽约的第二天中午，我在匹萨店等他。七年多不见，他已经四十五岁了。我在吧台等着他走过来，我们拥抱招呼，边吃饭边叙旧。通过网络媒体，见面之前，我们大致知道彼此的近况，他知道我的新媒体，我也知道他转行做食品的新媒体，担任市场部经理。他工作的公司叫 Star Chefs，专门在做食物的网站，分享厨师、器具等信息，是给专业厨师看的一个新媒体。

我们俩聊到后面，都在讲新媒体。我就跟他解释为什么我会来纽约、《华盛顿邮报》的投资等，还有第二天轮到我上台演讲。他一听，就说他的办公室刚好在我开会地点的对街，明天也会去听我演讲。

饭后我们去搭地铁，要道别的时候二人在地铁拍了张合照，给我的父母与老婆看。因为我不知道他明天会不会来，我一直没有讲，我整个事业的开始是跟他有关的，因为我是靠着在 Polo Ralph Lauren 的实习经验漂白了我的履历，否则我的履历是一片空白，因为我在美国没有工作经验。当初我的日本老板会对我很好奇，纯粹是因为在美国最不景气的时候，怎么会有个国际学生能找到一个在纽约的实习机会。因为这样我才会被三丽鸥聘用。当初要不是因为这个校友在完全不认识我的情况下，满怀好意地对我说"你就来我这里上班，我给你一个实习的机会"，我根本不会有之后的这一切。

我要上地铁的时候跟他说："我一直很感谢这一切开始，你当初这么好心。"他说："每一个人在事业起步的时候，都会有个人来帮助他，你就传承下去，我会非常高兴。这八年来，很高兴看到你的成长。我明天会过去的。"

隔天中午我演讲的时候，看到他就坐在台下。结束时，我说："你应该认识这些人，因为我们都在同一行。"那个下午，我带他认识《华盛顿邮报》的人，一一介绍给他，后来我把那天与会者的名单也 e-mail 给他。送他离开时，我们握手，相视微笑，心头有种微妙的感觉。

八年后，我回馈了他的那种感觉。

然后又回到哈佛人生，隔天又各自飞走了。下一次见面或许又是八年后了？

贯穿这一切的故事，都有同样的主线。每一次发生这种事，你的心胸会宽阔很多，知道很多事没有必要去计较。假如对彼此的人生没有造成任何困扰，现在我的实习生或是陌生人，需要帮忙或实习，或者任何一个陌生的人写信给我，说他对未来很茫然，不知道要申请什么学校，不知道未来要做什么，我永远都会回信。万一他的问题范围太大，虽然我大可敷衍地叫他去 Google 就结束了，但凡我无法在 e-mail 或脸书回答的，我就会告诉他说，你的问题范围太广了，给我你的手机号码，我明天打给你。不论我在美国或中国上海，都还是会打回中国台北。我已经毕业七八年了，直到现在我都还是这样做。

哈佛商学院教给我什么？就是：没有什么大不了的，没有什么会要了你的命。所以，传承下去（pass it on），你尝试你的，我尝试我的，假设中间我能对你有所帮助，那将是一件很美好的事，我并没有预期回报。要是哪一天我有了回报，那也很棒。没有回报的话，就持续传承给下一个人。

附 录
申请企业管理硕士经验谈

根据我的经验,申请企业管理硕士(以下简称 MBA)该考虑的事项和步骤如下:

一、确定顶尖商学院的 MBA 或光是 MBA 也行,都是你生命中百分之百想要拥有的。想一想,这个 MBA 会怎样吻合你的生涯规划,怎样成为你理想事业的垫脚石,你如何非得拥有这个学校的 MBA 学位来达到人生的梦想不可。如果经过仔细考虑后,你依然确定 MBA 学位是你所要的,那就尽一切努力去追求。申请时,我曾经从其他申请者那里听到了许多类似的话:"今年就试着申请看看我能不能进入?"千万不要那样想,你真的认为任何只用百分之八十力气的人,进得了前二十名的 MBA 学校吗?不要浪费时间或力气了。只有在准备好、百分之百确定时才提出申请。而一旦百分之百的确定,就使出百分之一百一十的努力,不要回头。

二、预留大量的时间,提早计划。我在大三那年年底就决定要拿一个 MBA 学位,接下来便有二三年时间可以做系统性计划,几乎推演到每一个细节。提早考我的 GMAT 和托福(TOEFL),找合适的夏日实习工作,拜托适当的推荐人等,等到准备要提出申请时,每片拼图都已经到位,我只要开始真正动手写 essays 就好。愈早知道自己要什么,就有愈多的准备时间,也会愈早达到目标。

三、为写 essays(论文)预留大量时间。我碰过太多的朋友天真地认为两个月应该就够写 essays 和申请几所学校。为了确保我 essays 中每个字都写得完美，平均而言，光是写完一所学校的 essays 就花掉我一个月时间，而我过去是英文记者及作者，写文章对我来说真的很快，但我还是要确认一切很完美。来年申请者的申论题通常在七月份左右会公布，第一轮的申请截止日期则通常在一月份。提早开始，不要天真地认为你可以在九月开始研究学校数据，十一月正式写 essays。那么履历呢？正式申请的文书作业呢？当我完成我的哈佛商学院申请文书作业时，已经长达二十七页，而那只是填空而已。你的背景、你的家庭、你到什么地方旅游过等等，他们什么都问，仅是填哈佛商学院申请的文书作业就花掉三天的时间。要为一切预留时间，不要低估了申请过程。再说一遍，只用百分之八十的力气，绝对进不了你的理想学校，在准备好之前连试都不用试。一旦准备好了，就不要留下任何遗憾，要将它做到完美。

四、这是个大拼图。哈佛商学院说明会上最常听到的其中一个问题是：对于准备 essays、推荐函和履历，我有什么想法？写的时候我应该抱持什么样的心态？答案很简单：它们应该全都拼得起来，可以拼出申请者，也就是你，这片大拼图。以下大概是会考虑的步骤：

1. 花几周的时间去搜集想要申请的学校的资料，了解他们主要的专长是什么，这些课程有名之处在哪里？最重要的是，弄清楚每一所学校的独特性，它们与众不同的地方是在哪里，上学校的网站、部落格去看，并参加校友说明会。

2. 从履历开始着手，花几天把你之前所有的成绩和经验列表，重新组织放进一页里。这个过程会强迫你回忆，想起所经历的一切,哪些是最重要的,还有你从中学到什么教训,造就了你今日的模样,把你的感觉记下来,这些情绪会是接下来你放进你essays 中的启发和真实的情感,试着把所有数据挤进一页的履历,你会被迫决定哪个经验对你来说比较重要,还有你 essays 中说的哪个故事可以告诉他们你的为人,以及你为何显得特殊。

3. 开始正式写 essays。回复被问的问题,但最重要的是,撷取自你的履历,现在你应该已经很清楚是哪些故事与经验让你显得独一无二,这就像单纯的营销广告。一则广告只有三十秒来说服你买他们的产品,一定要说服身为消费者的你在数百种流通的类似产品中,就是要购买那个特定品牌。申请者的立场一模一样:在一篇五百字的 essay 中,你必须告诉学校为什么你的故事对你而言是重要的,最重要的是,对学校是重要的。说服力一定要强到在几千名入学申请者中,学校一定要接受你,并拒绝其他人。你的故事必须是你自己的,必须特殊、必须解释得很清楚,也必须包装得正确,那样你才是独一无二的,在限定五百字的 essay 内,每一个字都是你的子弹,它们必须全部命中标靶,一个字都不浪费。

4. 每篇 essay 之间都应该彼此补强,学校一开始会先看履历文件,他们马上就会注意到哪些经验很有趣,或任何你可能缺乏的经验和技巧,如果你的履历缺少实际的企业领导经验,别忘了描写在学校或社团活动里的一些领导故事。如果你有某份工作是被辞退的,在 essays 中一定要解释这件事,并以你从那次经验当中学到的经验来作为结论,强调自己因而变得更成熟,更能与他人团队合作。如果一所学校要五篇 essays,理想上,每一篇都应该针对你生命故事的不同部分来加以说明。

如果你的履历上已经有许多团队工作的经验,那就不要把五篇essays全部浪费来形容同样的合作才能,而是要形容其他事情,让你的影像更加完整。在学校看完你的essays后,理想的状况是他们应该可以鲜活地想象出你是怎样的一个人。

5. 想象学校在看完你的履历后,会根据你的强项和弱点来思考什么,试着在你的essays里跟他们说明。快要完成所有的essays时,退一步,把它们重读过一遍。现在是开始思考推荐函的时候了,你也该把每封推荐函都当成军械库中有限的子弹,不要浪费它们。想想到目前为止,你的essays和履历还少了些什么,或者有什么改变生命的故事是你必须告诉学校,但到目前却还找不到空间或正确方式来放进essays或履历中的。接着,跟你的推荐人谈一谈,不要偷懒只拜托推荐人写,然后就撒手不管。约好时间坐下来好好讨论至今的进度是你的责任,推荐人愈了解你的背景,你为什么要申请某一所学校,还有到目前为止你写了些什么,你越有机会让他帮你写详细的推荐函。强调你的essays和履历中已经形容过的长处,同时减少学校可能对你的弱点或缺少经验所产生的关切。记得,推荐函理想上是要补强你的essays中所缺乏的部分,只是随便请个上司或教授泛泛地写你有多努力或多么聪明完全没有用。再一次,请以逻辑性来思考:既然都已经答应帮你写推荐函了,他当然会说你既努力又聪明,重点在于你怎样努力和如何聪明。给我例子,告诉我你的故事,还有对推荐人而言,这些为什么特殊,以及最重要的,为什么对学校而言是重要的。

6. 之后,按下上传键,为大约两个月后的面试做准备,再度搜寻资料。到哈佛商学院通知我面试时,我已经做足了对学校和课程的研究，几乎背下学校整个地图、背下了每栋建筑物的所在地、每年的预算多少，以及我最感兴趣的教授们的主要研究重点何在。就像在参加工作面试，你对公司认识愈多，你愈不会紧张，愈可以提出比较聪明、对那所学校也愈详尽的答案，再度让你成为愈独特的申请者。在每场面试最后，他们总是会问你：有什么问题要问我的吗？你一定永远都要有问题问学校，如果没有问题，那显得你对这所学校并没有那么感兴趣或充满热情，所以它可能是你铁定进得去的学校，学校不会想收只是视他们为一定进得去的学校的学生。还有，别问可以在网站上找到答案的一般问题，现在是根据你之前所有研究，提出聪明和细节问题的机会。

  7. 最后，不要犯任何粗心之错。之前为工作面试新人，以及每回跟不同学校的 MBA 及教职员交谈时，我总会发现一个类似的不成文规定，如果学校教职员第一次看你的履历，或者第一篇 essay，结果五分钟不到就发现三个或者三个以上的错误，不管是拼写或语法上的，那么你的故事有多棒就不怎么重要了，你一定被判出局。逻辑很简单，为什么哈佛商学院的申请数据要二十七页？几乎前十名的 MBA 课程至少都要二十页。为什么要写上五到七篇的 essays 和几千字？所有这些都是为了要吓走那些对申请不认真，那些只想要"今年就试着申请看看我能不能进入"的人，如我先前所说的，看到光是申请就要让你写二十七页的文件，同时耗费好几个月的准备时间，通常会吓走那些并没有真正准备好的人，而这是件好事。在我完成所有的申请工作，就要按下我哈佛商学院申请数据的上传键时，我把二十七页全部打印出来，然后拿一支铅笔，最后一次逐行逐字检查过每一篇 essay、每一个空白、每一个句子和每一个字，在此之前我已经请了其他三个英语为母语的人或教授帮我检查过，但我还是发现许多小的拼写和空格错误。此外，请记得，只要可以，永远要找个母语是英文的人来帮你仔细检查所有数据。

再说一次，逻辑很简单。或许你的经验很棒，到目前为止你的 essays 也很棒，但我跟你保证，其他一万个申请者，也就是你的竞争者也都很棒。如果你犯了五个粗心的错误，而他们没有，你想谁会被拒绝？如果学校不能放心你会对自己的企业管理硕士申请数据能百分之百细心，能小心检查你自己仅仅二十七页的故事，那么一旦你进入现实世界，对于你可以领导公司、创立事业，校对好几百页之长的商业报告书并提出策略，学校怎么可能有信心？

五、最后也最重要的原则是：不要留下任何遗憾。直到最后，都要尽你所能搜集学校的资料、写出好的 essays、用最棒的方式推销自己，并自信十足地接受面试。之后就好整以暇地等待，因为现在一切都取决于命运。就像我说的，没有人知道他们是否会进入哈佛商学院或华盛顿或麻省理工学院的史隆或者任何研究所，没有人真的知道。但请在过程中的每一步都倾尽全力，这样当你收到等待结果时，才不会有任何遗憾。

直到我把定案的 MBA 申请数据上传，完成我的 MBA 申请过程时，总共花了八个月的时间，实在是精疲力尽。我不知道几个礼拜之后会发生什么事，会得到任何入学许可，或者被每一所学校拒绝而必须开始找工作。但那晚当我关掉计算机时，我完全不在乎，我已经尽了全力，没有留下任何遗憾，而且终于完成了。那一刻是我生命当中最解放的时刻之一。

终究对你自己而言，那才是真正要紧的。